直観的にわかる

DIFFERENTIAL AND INTEGRAL CALCULUS

道具としての微分積分

涌井良幸
YOSHIYUKI WAKUI

日本実業出版社

は じ め に

　「微分」という数学は、変化や動きのある現象を解明する上で絶対に欠かせないツール、いわば「道具として使う実学」です。

　それに対して「積分」は、面積や体積などはもとより、現象が変化した結果がどうなるのかを知る上で不可欠な、これまた「道具として使う実学」です。

　ということは、微分・積分はありとあらゆる分野で必要とされる数学なのです。その一例をあげてみると、

- 自然現象を解明する自然科学
- 建築や土木はもちろん、乗り物やロボットなど社会生活に必要な製品を開発・製造する工学
- 物流の変化を解析する経済学や金融工学
- 社会の変化を分析する社会科学
- 膨大な情報を処理する情報・通信工学
- 人間の肉体や精神の治療を行なう医学や薬学
- 地球上の天候の変化を扱う気象学
- 人類にとって不可欠な食糧を生産する農学

　……

　このように、微分・積分が使われる分野は多方面にわたり、そのすべてを書き出すことはとうてい不可能です。それは、いわば料理における包丁やまな板のように、微分・積分はそれぞれの分野で欠かせない道具として当たり前のように使われているからです。

その結果、幸か不幸か、現代ではたくさんの人々が微分・積分を学ばねばならなくなりました。しかし、そのための有力手段である学習書を考えると疑問が生じます。

　どういうことか？　それは、従来の微分・積分に関する本があまりにむずかしすぎるということです（逆に、概略だけを面白おかしく解説した本もありますが、実際にはかえってよくわからないことが多いように思えます）。

　微分・積分のような高度な理論を、厳密に、しっかりと説明しようとすると、どうしても内容は難解になりがちです。論理的に完璧で、正しいことを重要視する数学の精神からすると、それは致し方ないかもしれません。その結果、微分・積分を学ぼうとする多くの人々が挫折感を味わっています。

　しかし、一握りの才能に恵まれた数学の専門家だけでは、現代のさまざまな科学文明を支えることはできません。現代は、多くの人間が高度な数学を身につけ、それを道具として使いこなすことが要請されているからです。

　その要請に答えるにはどうすればいいのか。それは「一定の努力さえすれば数学、とりわけ『微分・積分』が身につくような数学の本」を用意すべきということでしょう。本書、『道具としての微分積分』は、そんな需要に合うように、次の主旨をもって書かれています。

* 微分・積分の考え方を「一目でわかる図で解説」する
* 厳密な証明よりも、成立理由の「直観的理解を大事」にする
* やさしい例を用いて「微分・積分という道具の使い方」を体感する

本書で「微分・積分」を学習することによって、その基本的な考え方と使い方が身につくものと思われます。それは決して「学んだ気になる」「わかった気になる」（読み終えた後はきれいに忘れる）というものではなく、真に身につくものとして残るはずです。

　しかも身につくレベルは、高校の範囲の微分・積分だけでなく、大学の教養課程まで含んだ「微分・積分のレベル」を指しています。つまり、これ一冊で十分なレベルの知識を武装できるのです。

　読み終えた後は、本書の各節冒頭の長方形で囲まれた箇所と レッスン に掲載された図を何度も見返すことによって、微分・積分が実際の仕事や研究に使えるようになるはずです。

　いままで苦手としていた「微分・積分」を、この機会にぜひ、あなたの得意分野とし、さらに「道具として使える数学」にまで高めていただければ、著者としてこれほど嬉しいことはありません。

　なお、最後になりましたが、本書の企画の段階から最後までご指導くださった日本実業出版社の編集部に、この場をお借りして感謝の意を表させていただきます。

2023年9月

涌井良幸

Contents
直観的にわかる　道具としての微分積分

はじめに

第1章 関数

第2章 微分の基本

第3章 微分の応用

第4章 積分の基本

第5章 積分の応用

第6章 偏微分

第7章 重積分

第8章 微分方程式

◎カバーデザイン／冨澤　崇
　（EBranch）

◎DTP／エムツークリエイト、ダーツ

第1章　関数

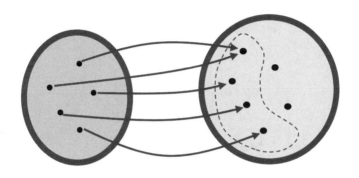

微分と積分はともに「関数」を料理する数学です。関数は 2 つの集合における要素の対応の規則です。そして、集合はすべての数学の土台となる大事なものです。そのため、まずは、集合、関数からスタートすることにします。

1-1 集合

ある条件を満たすものの集まりを**集合**(*set*)といい、そのメンバーを**要素（元）**という。集合を表現するには、中カッコ**{ }**や**ベン図**を利用する。

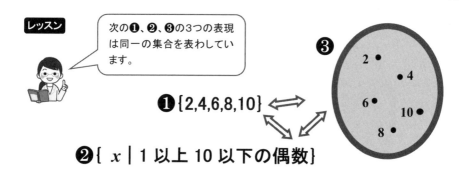

レッスン

次の❶、❷、❸の3つの表現は同一の集合を表わしています。

❶ {2,4,6,8,10}

❷ { x | 1 以上 10 以下の偶数}

〔解説〕 ある条件を満たすものの集まりを**集合**(*set*)といい、集合に名前を付けるときには、通常、アルファベットの大文字を使います。また、集合を構成する個々のメンバーを元とか**要素**(*element*)といい、x が集合 A の要素であることを「$x \in A$」と書きます。

(注1) 記号$\in$は要素(*element*)の頭文字 E をもとに作成されたものです。e → E → $\in$ 数学で使われる記号はこのように頭文字を変形して作られることがよくあります。

(注2) 記号$\leftrightarrow$は**同値記号**で、$p \leftrightarrow q$ は「p ならば($\Rightarrow$)q かつ q ならば($\Rightarrow$)p」が成立することを意味し、「p と q は表現は違うが同じ内容である」ことを意味します。

　集合を表現するには中カッコ{ }を利用します。例えば、「1 以上 10 以下の偶数」の集合は要素を中カッコでくくって

　　　{2,4,6,8,10}

と表わします。また、要素が多いときには要素を文字で代表させ、その

文字についての条件を記述する方法を使います。そのとき、代表の文字と条件は縦棒「｜」で区切ります。つまり、代表の文字を x とすれば、

$$\{\, x \mid x \text{に関する条件}\, \}$$

となります。すると、「1 以上 1000 以下の偶数」とする集合であれば、

$$\{x \mid x \text{は 1 以上 1000 以下の偶数}\}$$

と書けます。

(注3) 縦棒「｜」ではなくコロン「：」を使うこともあります。

なお、左ページ③のように閉じた曲線などで集合を表わす**ベン図式（ベン-オイラー図式）**もよく使われます。

微分・積分を学んでいると、「区間」「領域」という言葉がよく出てきます。意外かもしれませんが、これらも集合なのです。

$$\text{区間}\,[a,b] = \{x \mid a \leqq x \leqq b\}$$

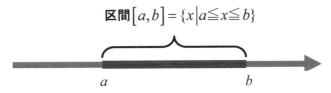

<MEMO>　数学と集合論

　数学には代数学、幾何学、微分・積分学、統計学などいろいろな分野がありますが、これらの数学は集合の考え方を共通の土台にして作られています。

1-2 写像

2つの集合M, Nがあって、Mの任意の要素xに対してNのある要素yをただ1つ対応させる規則fが与えられたとき、これをMからNへの**写像(mapping)**といい、この対応を$y = f(x)$ などと書きます。

レッスン

写像は「集合から集合への対応の規則」で身の周りにもいろいろあります。

MからNへの写像

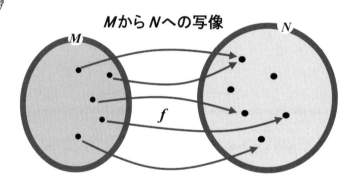

人に名前を付けるのも写像の1つですね。商品の値段も写像です。

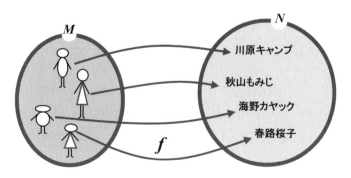

〔**解説**〕 集合 M、N は数の集合に限らずどんな集合でもかまいません。また、このとき集合 M を写像 f の**定義域**、N を**終域**、そして N の部分集合

$$R = \{ y \mid y = f(x),\ x \in M \}$$

を写像 f の**値域**（ちいき）といい、簡単に $f(M)$ と書きます。また、$f(x)$ を x の f による**像**といいます。

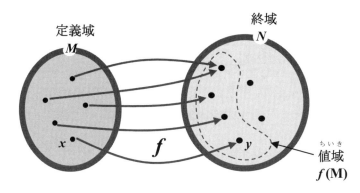

なお、上図のように定義域 M の異なる 2 つ以上の要素が N の同一の要素に対応していても写像であることに反しません。しかし下図のように、定義域 M の 1 つの要素 x が終域 N の異なる 2 つの要素に対応している場合、それは写像とはいいません。

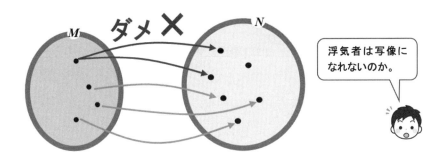

浮気者は写像に
なれないのか。

次ページの＜MEMO＞で特別な性質をもった写像を紹介しましょう。

<MEMO> 上への写像・1対1の写像・逆写像

　終域 N のどの要素に対しても定義域 M の要素が少なくとも1つ存在する写像を**全射**とか**上への写像**といいます。つまり、値域と終域が等しくなる写像のことです。式で書けば $N = f(M) = \{f(x)|x \in M\}$ となります。

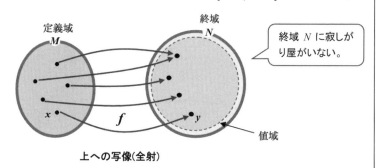

上への写像（全射）

　全射に対し「もとが違えば行き先が違う」という写像のことを**単射**とか**1対1の写像**といいます。式で書けば、

　　「M の任意の要素 x_1, x_2 に対して　　$x_1 \neq x_2 \Rightarrow f(x_1) \neq f(x_2)$」

ということです。

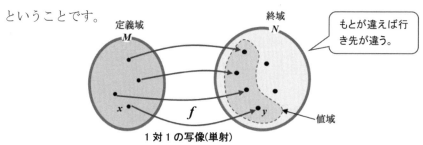

1対1の写像（単射）

　「$p \Rightarrow q$」（§1-1）と「q でない $\Rightarrow p$ でない」（「対偶」といいます）は同値なので、上記の条件は次のように書き換えられます。

　　「M の任意の要素 x_1, x_2 に対して　　$f(x_1) = f(x_2) \Rightarrow x_1 = x_2$」

　つまり、「行き先が同じならば、もとは同じ」ということです。

　次に、全射と単射を兼ね備えた写像を考えることにします。つまり、

「1対1、かつ、上へ」の写像です。この写像を**1対1上への写像**とか**全単射**といいます。これは、「Mの要素とNの要素が過不足なく、1対1に対応している写像」のことです。

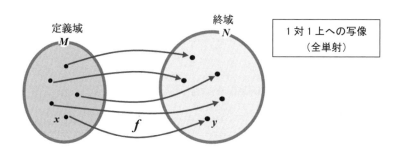

MからNへの写像fが**1対1上への写像**ならば、Nの任意の要素yに対して$y = f(x)$なる$x \in M$がただ1つ存在します。したがってyをxに対応させるNからMへの写像gを定義することができます。この写像gを写像fの**逆写像**（くわしくは§1-8）といい、記号f^{-1}で表わします。つまり、写像fが**1対1上への**写像であるとき「$y = f(x)$ならば$x = f^{-1}(y)$」となります。

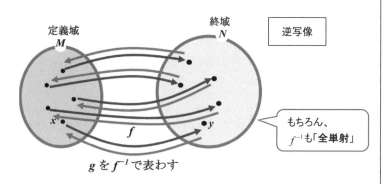

（注）　この逆写像の考え方は、微分・積分では「逆関数の微分」で使われます。

1-3 関数

X, Y を数の集合とするとき、集合 X の任意の要素 x に集合 Y の要素 y を対応させる写像を**関数**という。

レッスン

関数は写像の特別な場合です。

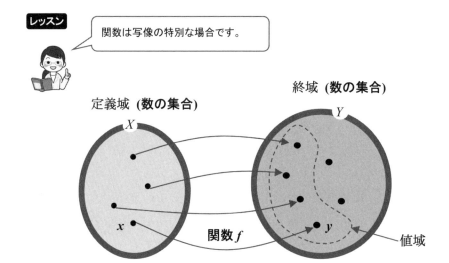

終域 **(数の集合)**

定義域 **(数の集合)**

関数 f

値域

〔**解説**〕　関数については次のことに注意しましょう。

(1)　集合 X の要素 x が f という規則で集合 Y の要素 y に対応していることを $y = f(x)$ とか $f: x \rightarrow y$ などと書きます。このとき、x を**独立変数**、y を**従属変数**といいます。x を独立に決めると、それに従属して y が決まるからです。

(2)　集合 X を関数 f の**定義域**、集合 Y を関数 f の**終域**といいます。また、集合 $\{f(x) \mid x \in X\}$ を関数 f の**値域**といいます。値域は定義域 X の f によ

る**像**ともいい、$f(X)$ と書くことがあります。つまり、$f(X)=\{f(x)\mid x\in X\}$ です。

(3) 関数 f は独立変数を用いた式や文章などで表わされます。

(4) 関数は「対応」だけでなく *function*（機能）の役割も果たします。例えば関数 $f(x)=2x+1$ は x を $2x+1$ に対応させる写像ですが、**2 倍して 1 を加えるという機能**と考えることもできます。

(注) 関数は英語で *function* なので f と名前を付けることが多いのです。

(5) 関数は**ブラックボックス**にたとえられます（右図）。ブラックボックスとは、機能は知られているものの、内部の仕組みは不明な装置のことです。ただし、$f(x)$ が具体的に $f(x)=2x+1$ などと与えられていれば、「仕組みが不明」とはいえないでしょう。なぜなら、2 倍して 1 を加えるという機能であることがわかるからです。

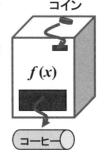

コイン

$f(x)$

コーヒー

(注) 関数の旧字は函数でした。

＜MEMO＞ 多価関数

　冒頭でも述べたように、集合 X から集合 Y への関数 f は、「X の要素 x に対して Y の要素 y を**ただ 1 つ**対応させるもの」でした。このように関数というものを説明しておきながら、ちょっとひどい話かもしれませんが、X の要素 x に Y の要素 y を複数対応させるものも関数と認め、これを**多価関数**ということがあります。

　これに対して 1 つの y のみに対応させる関数は**一価関数**と呼ばれます。例えば、$y=x^2$, $y=\sin x$ は一価関数です。しかし、$x^2+y^2=1$ によって x の関数 y が与えられれば、同一の x の値に対して $y=\pm\sqrt{1-x^2}$ と y が 2 つ定まるので「二価関数」となります。しかし、通常、「関数」といえば一価関数を意味します。

1-4 実数

有理数と無理数をあわせて「実数」という。実数は数直線上の点と1対1に対応している。

レッスン

数直線上には点がびっしり切れ目なく「**連続**」して存在し、これらのどの点にも有理数か無理数のいずれかの数が1対1に対応していると考えます。

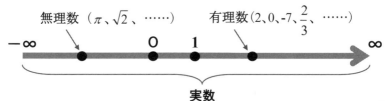

無理数（ π 、 $\sqrt{2}$ 、……） 有理数（2、0、-7、 $\dfrac{2}{3}$ 、……）

$-\infty$　　0　1　　　　∞

実数

だから、実数には「**連続性**」があるというのですね。

数の集合はいろいろあります。微分・積分は連続性のある実数や複素数の世界で考えます。

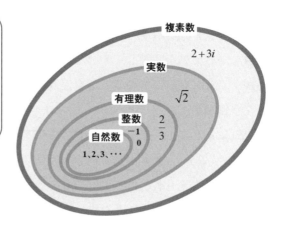

〔解説〕　有理数とは $\dfrac{整数}{整数}$ の形に書ける数のことですが、無理数はこのような形に書けない数（例 $\sqrt{2}$ ）です。**有理数と無理数を合わせて実数**といいます。これでは何だかピンと来ませんが、実数を数学的に厳密に定義する方法は実は大変ですので、本書では割愛します。しかし、**実数は数直線上の点と1対1に対応し、連続性をもっている**と理解していれば、当面、微分・積分を学ぶ上で問題はありません。

　なお、実数の性質に関して以下の＜MEMO1＞、＜MEMO2＞、＜MEMO3＞を知っておくと役に立ちます。

(注 1)　複素数の範囲で議論される微分・積分は**複素解析**と呼ばれています。

(注 2)　通常、自然数（*natural number*）の集合は **N**、整数（*integer*）の集合は **Z**、有理数（*rational number*）の集合は **Q**、実数（*real number*）の集合は **R**、複素数（*complex number*）の集合は **C** で表わされます。英語の大文字が採用されますが、整数の **Z** は英語の頭文字 *I* がすでに他で用いられているのでドイツ語の ganze Zahl（「完全な数」の意）の **Z** を採用し、有理数の **Q** は英語の頭文字 *R* が実数の集合の名として使われるので quotient（商、比率）の **Q** を採用しています。

＜MEMO1＞　稠密性

　2 つの有理数の間には必ず有理数が存在します。これを有理数の

稠密性(ちゅうみつせい)といいます。なぜなら、2 つの有理数を p、q とするとき、$\dfrac{p+q}{2}$

は p、q の間に存在する有理数だからです。これは有理数には隣の数が存在しないことを意味します。もし隣の数があれば、その間にまた有理数が存在して矛盾が生じるからです。同様に、実数にも稠密性があります。したがって、実数 a にはその隣の数がありません。このことは、今後、微分・積分を考えるときに注意せねばなりません。

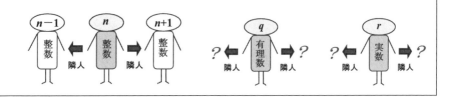

＜MEMO2＞　集合の濃度

　数学では集合の要素の個数をもとに**濃度**を定義します。2つの集合、A、Bがあり、AとBの間に1対1上への写像が作れれば、**2つの集合AとBの濃度は等しい**といいます。これは有限集合だけでなく、無限集合にも適用されます。

　例えば、自然数から正の偶数

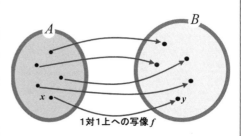

1対1上への写像 f

への写像 $f : x \to 2x$ は1対1上への写像です。したがって、自然数全体と正の偶数全体の濃度は等しいと考えます。同様にして自然数全体と有理数全体の濃度が等しいことも示せます。自然数全体と同じ濃度の集合は**可付番集合**と呼ばれています。1番目、2番目、3番目、……と、要素に番号を付けることが可能だからです。

　ところが、無理数全体の集合の場合、その要素をどのように並べて番号を付けても取り残されてしまう要素が存在します。これは、**無理数全体の濃度は自然数全体の濃度より濃い**ことを示しています。したがって、無理数を含む実数の濃度は可付番集合の濃度よりも濃く、これは**連続体の濃度**と呼ばれています。このことを星空に比喩したのが次ページの図です（厳密には無理がありますが）。

(注)　可付番集合の濃度を $\aleph_0$（アレフ0）、連続体の濃度を $\aleph$（アレフ）で表わすことがあります。

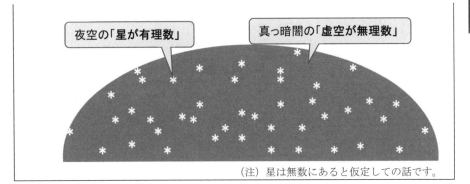

夜空の「星が有理数」

真っ暗闇の「虚空が無理数」

（注）星は無数にあると仮定しての話です。

＜MEMO3＞　小数による実数の分類

　有理数は小数に直すと有限小数、あるいは循環する無限小数になります。無理数は循環しない無限小数になります。したがって、実数は次のように分類することができます。

$$\text{実数}\begin{cases} \text{有限小数} \quad 5.125 \\ \text{循環する無限小数} \quad 0.3333333\cdots\cdots \\ \text{循環しない無限小数} \quad \sqrt{2}=1.41421356\cdots\cdots \end{cases}$$

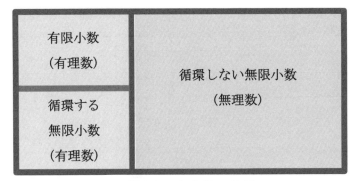

有限小数 （有理数）	循環しない無限小数 （無理数）
循環する 無限小数 （有理数）	

＜小数から見た実数の分類＞

1-5 関数のグラフ

(1) 1変数関数 $y = f(x)$ $(x \in X)$ において、xy 座標平面上の点の集合 $G = \{(x, y) \mid y = f(x), x \in X\}$ をこの関数のグラフという。

(2) 2変数関数 $z = f(x, y)$ $(x \in X, y \in Y)$ において、xyz 座標空間の点の集合 $G = \{(x, y, z) \mid z = f(x, y), x \in X, y \in Y\}$ をこの関数のグラフという。

レッスン

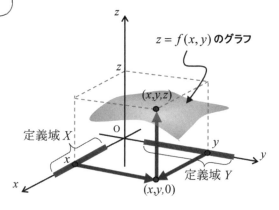

一般に $y = f(x)$ のグラフは曲線になり、また $z = f(x, y)$ のグラフは曲面になります。

〔解説〕 独立変数が x 1つである関数 $y = f(x)$ があるとき、x が決まれ
ば y が決まり、xy 座標平面において点 (x,y) が決まります。x を定義域 X
の中で変化させれば、いろいろな点 (x,y) が決まります。これらの点を座標
平面上に描いたものが $y = f(x)$ のグラフです。つまり、これは点の集合

$$\{(x,y) \mid y = f(x), x \in X\}$$

を xy 座標平面上に図示したものです。

　また、独立変数が x と y の2つである2変数関数 $z = f(x,y)$ がある
とき、x と y が決まれば関数 $z = f(x,y)$ によって z が決まり、その結
果、xyz 座標空間において点 (x,y,z) が決まります。x、y をそれぞれの定義
域 X、Y の中で変化させれば、いろいろな点 (x,y,z) が決まります。これ
らの点を描いたものが $z = f(x,y)$ のグラフなのです。これは点の集合

$$\{(x,y,z) \mid z = f(x,y), x \in X, y \in Y\}$$

を xyz 座標空間に図示したものです。

┌─ **＜MEMO＞　関数のグラフと方程式のグラフ** ─────

　関数 $y = f(x)$ のグラフとは、集合 $\{(x,y) \mid y = f(x), x \in X\}$ のことです。ま
た、方程式 $f(x,y) = 0$ のグラフは集合 $\{(x,y,z) \mid f(x,y) = 0, x \in X, y \in Y\}$ のこ
とです。関数のグラフの場合、右
下図のようになることはあり得
ませんが、方程式のグラフの場
合ではあり得ます。なぜなら、関
数の場合、x の対応先 y はただ1
つだからです（ただし、多価関数
に注意（§1-18 三角関数の逆関数））。

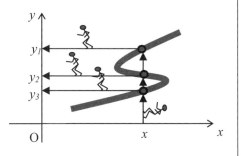

1-6 関数の最大値・最小値

関数 $f(x)$ がその定義域 X でとる値のうち最も大きい値を**関数の最大値**、最も小さい値を**関数の最小値**という。なお、関数の最大値、最小値は関数の値域を $R=\{y|y=f(x),x\in X\}$ とするとき、次のようにいい換えることができる。

　R の最大値を関数 $f(x)$ の最大値という。

　R の最小値を関数 $f(x)$ の最小値という。

レッスン

関数の最大値、最小値はグラフで見れば次のようになります。

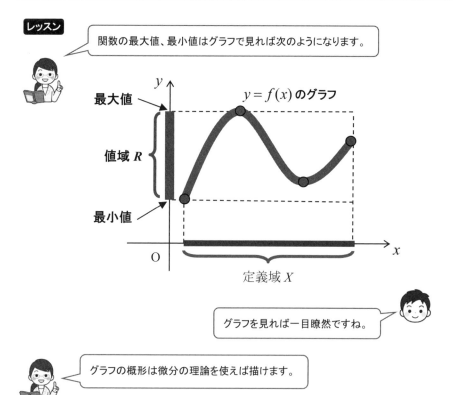

グラフを見れば一目瞭然ですね。

グラフの概形は微分の理論を使えば描けます。

〔**解説**〕 関数の最大値や最小値を求めるときには、x がどんなときに関数 $f(x)$ が最大、最小になるのかを示さねばなりません。とくに、<u>区間の端点が定義域に含まれるかどうか</u>は、関数の最大値、最小値を考えるときに注意が必要です（下図）。なお、一般的には関数の最大値や最小値は存在するとは限りません。

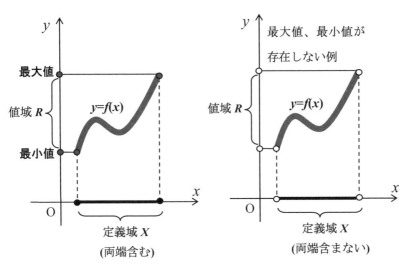

<MEMO> **開区間、閉区間、半開区間**

　微分・積分では関数 $f(x)$ における x のとり得る範囲を次の開区間、閉区間、半開区間で考えることが多い。

開区間：$(a,b) = \{x \mid a < x < b\}$

閉区間：$[a,b] = \{x \mid a \leqq x \leqq b\}$

半開区間：$(a,b] = \{x \mid a < x \leqq b\}$

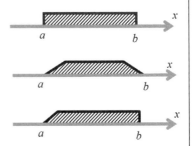

（注）　もちろん $[a,b) = \{x \mid a \leqq x < b\}$ も半開区間です。

1-7 関数の増加・減少

区間 I に属する任意の x_1, x_2 に対して

(1) 「$x_1 < x_2 \Rightarrow f(x_1) < f(x_2)$」のとき $f(x)$ は区間 I で「**単調増加**」

(2) 「$x_1 < x_2 \Rightarrow f(x_1) > f(x_2)$」のとき $f(x)$ は区間 I で「**単調減少**」

であるという。

 レッスン

x が増えれば y も増えるのが増加、x が増えれば y が減るのが減少です。

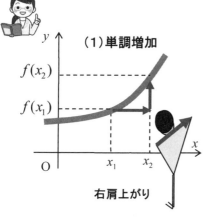

（1）単調増加

右肩上がり

（2）単調減少

右肩下がり

〔**解説**〕 (1)、(2)は**狭義**の単調増加、単調減少といいます。これに対して、$x_1 < x_2 \Rightarrow f(x_1) \leqq f(x_2)$ のとき**広義**の単調増加、

$x_1 < x_2 \Rightarrow f(x_1) \geqq f(x_2)$ のとき**広義**の単調減少といいます。広義では右図の状態もあります。

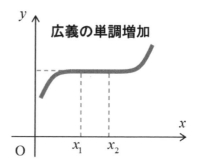

広義の単調増加

1-8 逆関数

関数 $y = f(x)$ があるとき、y の各々の値に対して、それに対応するもとの x の値がただ1つ定まれば、逆の対応 $x = g(y)$ が考えられる。この対応 g を関数 f の **逆関数** という。このとき、関数 g と関数 f はお互いに逆関数である。なお、g のことを f^{-1} と書くことがある。

レッスン

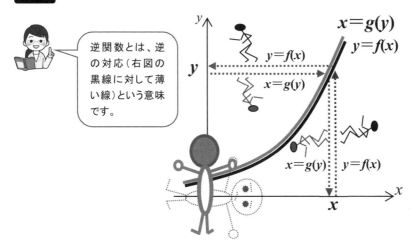

逆関数とは、逆の対応（右図の黒線に対して薄い線）という意味です。

〔**解説**〕 関数は英語の *function*（機能）の日本語訳です。こう考えると、関数 $y = f(x) = 2x + 3 \cdots ①$ の逆の機能は①を x について解いた

$$x = f^{-1}(y) = g(y) = \frac{y-3}{2} \quad \cdots ②$$

で表現され

ます。つまり、f は「2倍して3を足すという機能」で、その f に対する **逆の機能** g は「3を引いて2で割る機能」ということです。

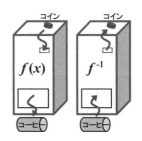

1-9 逆関数の存在

関数 $y = f(x)$ が定義域で単調増加、または、単調減少のどちらか一方で
あれば **1 対 1 上への関数** となり、逆関数が存在する。

レッスン

増加のみ、減少のみであれば
逆の対応が考えられます。

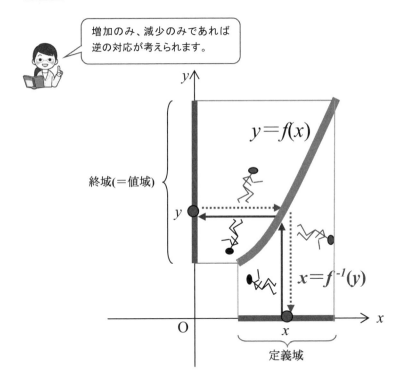

〔**解説**〕　関数 $y = f(x)$ の定義域内に増加と減少が混在すると、逆の対応
を考えようとしたとき、y に対する x の対応先は複数存在してしまい、
1 つには決まりません（次ページ図）。関数、つまり、写像であるからに

は対応先は1つに決めなければいけないからです。

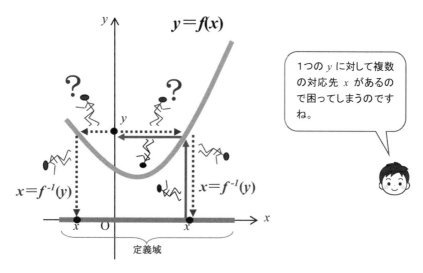

1つの y に対して複数の対応先 x があるので困ってしまうのですね。

　そのため、1対1上への写像になるように、関数の定義域を単調増加（または、単調減少）部分に狭めてみましょう。そうすると逆関数 f^{-1} は存在するようになります。

（注）　関数 f が1対1（もとが違えば行き先が違う）を満たしているだけでは、逆の関数 f^{-1} が存在するとは限りません。しかし、1対1であれば f の値域を定義域とする逆の関数 f^{-1} が存在します。

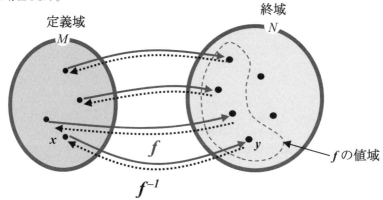

1-10 逆関数のグラフ

関数 $y = f(x)$ …① を x について解いて得られる $x = g(y)$ …② を①の逆関数という。さらに②の x と y を交換した $y = g(x)$ …③ も $y = f(x)$ の逆関数という。このとき、①と②のグラフは同じであるが、①と③のグラフは直線 $y = x$ に関して対称となる。

レッスン

点(a,b)の x 座標と y 座標を入れ替えた点(b,a)は直線 $y = x$ に関して点(a,b)と対称の位置にあります。

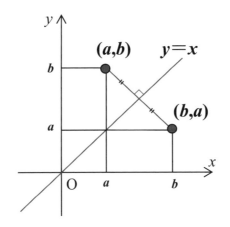

なるほど、例えば、$(1,2)$と$(2,1)$や$(3,4)$と$(4,3)$は直線 $y = x$ に関して対称の位置にありますね。

x と y を入れ替えたことが、もとの関数と逆関数のグラフが直線 $y=x$ に関して対称の位置にある理由です。

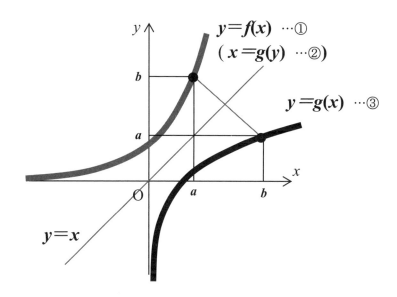

〔**解説**〕 通常、関数の表現においては独立変数を x、従属変数を y で書く習慣があります。ところが、関数 $x=g(y)\cdots$② においては独立変数が y、従属変数が x になっています。そこで慣例に従い、②における x と y を交換し $y=g(x)\cdots$③ と表現し、これを関数 $y=f(x)$ の逆関数と呼ぶことにします(注)。②と③のグラフは x と y を交換したため直線 $y=x$ に関して対称となります。したがって、関数 $y=f(x)$ とこの逆関数 $y=g(x)$ のグラフは直線 $y=x$ に関して対称となります。

(注) 微分・積分の分野で学ぶことになる「逆関数の微分法」では x と y を交換する前の②を①の逆関数として扱っています。高校の教科書では③が①の逆関数であることを強調しすぎている感があります。

1-11 定数関数と 1 次関数

(1) 次の関数を**定数関数**という
$$y = f(x) = c \quad (c \text{ は定数})$$
(2) 次の関数を **1 次関数**という
$$y = f(x) = ax + b \quad (a, b \text{ は定数で } a \neq 0)$$

レッスン

微分・積分で最も基本となる関数は定数関数と 1 次関数です。

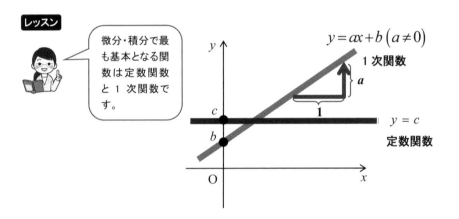

〔解説〕 1 次関数のグラフは直線といえますが、グラフが直線である関数は必ずしも 1 次関数とはいえません。定数関数があるのです。直線というシンプルなものが微分・積分という高度な考え方の基本になります。

┌─ ＜MEMO＞ 微分と定数関数・1 次関数 ─

極限の世界を扱う「関数 $f(x)$ の微分」は、つまるところ、関数 $f(x)$ のグラフを直線のグラフに置き換える考え方なのです。

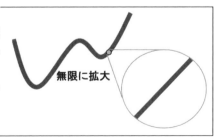

1-12 n 次関数

関数 $y = f(x) = a_n x^n + a_{n-1} x^{n-1} + \cdots + a_1 x + a_0$ を n 次関数という。
ただし、n は自然数、a_n, a_{n-1}, $\cdots$, a_1, a_0 は定数で $a_n \neq 0$ とする。

レッスン

n 次関数は整関数とも呼ばれ、グラフは右のような形をしています。

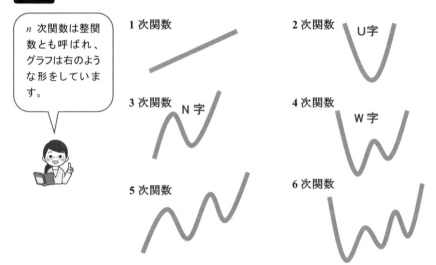

〔**解説**〕 上のグラフは n 次関数の n 次の項の係数が「正」の場合です。
「負」の場合は上下が逆さまになります。

なお、上記はまさしく一般形であり、係
数によっては形が変形されます。例え
ば 3 次関数では N 字型がのっぺらぼう
になることもあります。

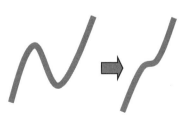

（注）　$n=1$ の場合が前節の 1 次関数です。

1-13 分数関数

分母に変数を含む関数 $\dfrac{f(x)}{g(x)}$ を**分数関数**という。$f(x), g(x)$ が整関数で、$f(x)$ の次数が $g(x)$ の次数より低いときは**有理関数**という。

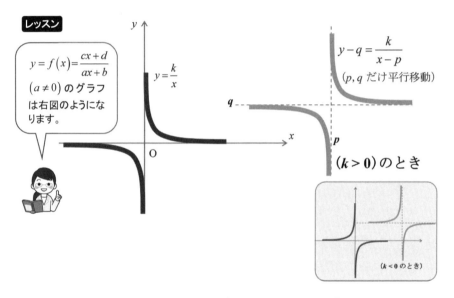

レッスン

$y = f(x) = \dfrac{cx+d}{ax+b}$
$(a \neq 0)$ のグラフは右図のようになります。

$y = \dfrac{k}{x}$

$y - q = \dfrac{k}{x-p}$

$(p, q$ だけ平行移動$)$

$(k > 0)$ のとき

$(k < 0$ のとき$)$

〔解説〕 $a \neq 0$ のとき、$y = \dfrac{cx+d}{ax+b}$ $\cdots$① は $y - q = \dfrac{k}{x-p}$ と変形できます。ゆえに、①のグラフは双曲線 $y = \dfrac{k}{x}$ のグラフを x 方向に p、y 方向に q だけ平行移動したものです。

(注) 有理関数 $\dfrac{a_n x^n + a_{n-1}x^{n-1} + \cdots + a_1 x + a_0}{b_m x^m + b_{m-1}x^{m-1} + \cdots + b_1 x + b_0}$ は $\dfrac{q}{(x-p)^k}$, $\dfrac{rx+s}{\{(x-p)^2+q\}^k}$ の形の分数関数の和に分解できます。ただし、p, q, r, s は定数、k は自然数。

1-14 無理関数

根号の中に変数を含む関数 $\sqrt{f(x)}$ を**無理関数**という。

レッスン

$y = \sqrt{ax+b} + c$
$(a > 0)$
のグラフは右図のようになります。

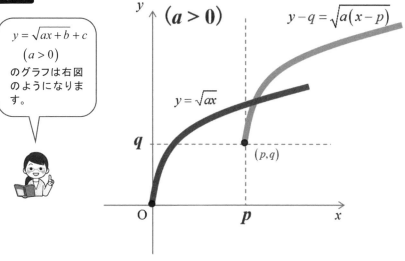

〔**解説**〕　無理関数にはいろいろあり、そのグラフは複雑ですが、その中では $y = \sqrt{ax+b} + c$ のグラフはきわめてシンプルです。これは、

$$y - q = \sqrt{a(x-p)}$$

と変形でき、$y = \sqrt{ax}$ のグラフを x 方向に p、y 方向に q だけ平行移動したもので、放物線の一部となります。

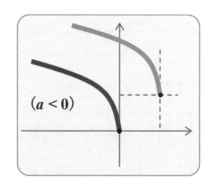

1-15　三角関数

原点を中心とする単位円周上を動く動点 P の動径 OP が x 軸（始線）と
なす角を θ とするとき、三角関数 $\cos\theta$, $\sin\theta$, $\tan\theta$ の値を次のよう
に定義する。

$\cos\theta=$ 動点 P の x 座標、$\sin\theta=$ 動点 P の y 座標

$$\tan\theta=\frac{\sin\theta}{\cos\theta}\ (\text{ただし、}\cos\theta\neq0)$$

レッスン

三角関数の定義はすごく簡単です。

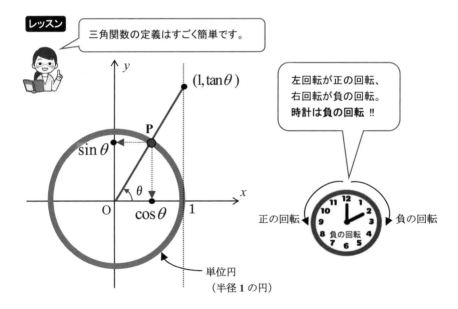

左回転が正の回転、
右回転が負の回転。
時計は負の回転 ‼

正の回転　負の回転
負の回転

単位円
（半径 1 の円）

〔**解説**〕　回転角 θ が決まると、単位円上の点 P が決まり、その x 座標の
値が $\cos\theta$ 、y 座標の値が $\sin\theta$ 、$\sin\theta/\cos\theta$ の値が $\tan\theta$ です。つまり、
三角関数は回転角 θ に数値を対応させる関数です。すると、θ がどんな
大きな 0 以上の角でも、また、どんな小さな負の角でも $\cos\theta$ 、$\sin\theta$ 、$\tan\theta$

の値が定まります。したがって、これらの三角関数の定義域は実数全体（ただし、$\tan\theta$ は $\cos\theta$ が 0 になるところを除く）になります。なお、**数学では左回転を正の回転、右回転を負の回転と定義**しています。

以上のことから $\cos x$, $\sin x$, $\tan x$ のグラフは次のようになります。

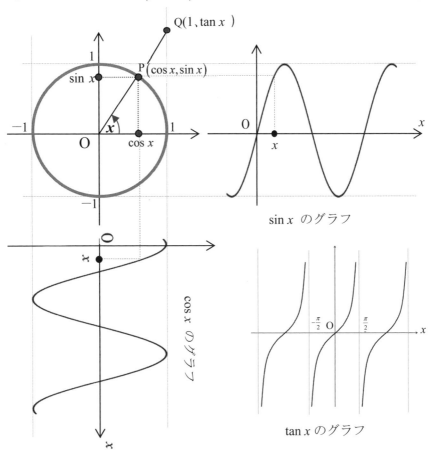

sin x のグラフ

cos x のグラフ

tan x のグラフ

（注）　いろいろな関数は sin、cos などの三角関数の無限の和で表わされるという理論（フーリエ解析）があります。興味が湧いたら、ぜひ、フーリエ解析に挑戦してみよう。

┌───
│ **＜MEMO＞　60分法と弧度法**

1回転の角を360°とする角の測り方を**60分法**といいます。60分法に
対し、半径と弧の長さが等しい扇形の中心角を1
ラジアン（弧度）とする角の測り方を**弧度法**とい
います。このとき、60分法と弧度法の間には次
の関係があります。

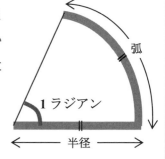

πラジアン＝180° …①

ここで、πは円周率3.14159……

①の補足をしておきましょう。弧度法の定義は扇形の大きさによりま
せん。したがって、半径1の半円（下図）で考えると、この半円の弧の
長さはπになるので、平角（180°）はπラジアンであることがわかりま
す。したがって、「πラジアン＝180°」という60分法と弧度法の換算式
①が得られます。

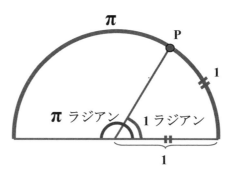

弧度法は半径1の円の円周の長さ2πの値を1回転の大きさと定義し
たため、これを使うといろいろな分野での数学の表現が簡潔になります。
微分・積分における角の単位は通常はこの弧度法を用います。

（注）　60分法では単位「°」を付けますが、弧度法では単位「ラジアン」を通常省略します。

1-16 三角関数の偶奇性

$$\cos(-\theta)=\cos\theta \ 、\ \sin(-\theta)=-\sin\theta \ 、\ \tan(-\theta)=-\tan\theta$$

レッスン

三角関数には「偶奇性」と呼ばれる性質があります。

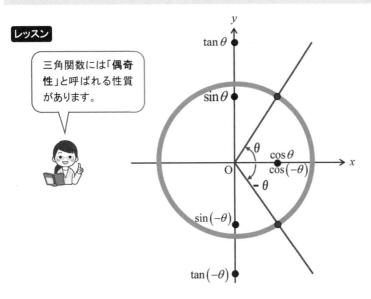

〔解説〕 関数 $f(x)$ が $f(-x)=f(x)$ を満たすとき、これを**偶関数**といい、$f(-x)=-f(x)$ を満たすとき、これを**奇関数**といいます。上図から cos は偶関数、sin、tan は奇関数であることがわかります。これを三角関数の偶奇性といいます。微分・積分の計算をする上で、この性質はよく使われます。

(注) 偶関数のグラフは縦軸対称で、奇関数のグラフは原点対称となります。

〔例〕 $f(x)=x\sin x$ は偶関数です。なぜならば、

$$f(-x)=(-x)\sin(-x)=-x(-\sin x)=x\sin x=f(x)$$

1-17 周期関数

独立変数が一定量変化するたびに同じ値をとる関数を**周期関数**という。一定量を T として、このことを式で書けば次のようになる。

$$f(x+T) = f(x) \quad \cdots ①　　　ただし、T は正の定数$$

　このときの一定量 T のことを**周期**という。①を満たす最小の正の定数 T を**基本周期**という。通常、周期といえば基本周期を意味する。

レッスン

グラフで見ると、幅 T ごとに同じパターンが繰り返されるのです。

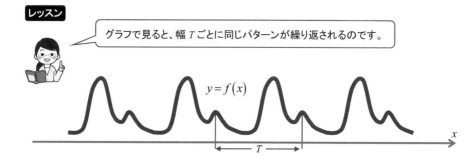

$y = f(x)$

T

〔**解説**〕　$\cos(x+2\pi) = \cos x$, $\sin(x+2\pi) = \sin x$ が成立するので $\cos x$ 、$\sin x$ **は基本周期 2π の周期関数**です。　$\tan x$ は $\tan(x+2\pi) = \tan x$ を満たすので周期 2π の周期関数ですが、次の式も満たします。

$$\tan(x+\pi) = \frac{\sin(x+\pi)}{\cos(x+\pi)} = \frac{-\sin x}{-\cos x} = \frac{\sin x}{\cos x} = \tan x$$ したがって $\tan x$ **は基本周期**

π の周期関数です。

〔**例**〕　関数 $f(x) = x - [x]$ は周期 1 の周期関数です。ただし、$[x]$ はガウス記号で x を超えない最大の整数を表わします。

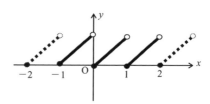

1-18 三角関数の逆関数

(1) $y = \sin x$ の逆関数を $y = \sin^{-1} x$ または $y = \arcsin x$ と書く。

(2) $y = \cos x$ の逆関数を $y = \cos^{-1} x$ または $y = \arccos x$ と書く。

(3) $y = \tan x$ の逆関数を $y = \tan^{-1} x$ または $y = \arctan x$ と書く。

レッスン

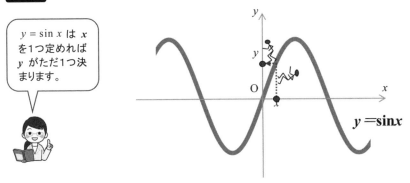

$y = \sin x$ は x を1つ定めれば y がただ1つ決まります。

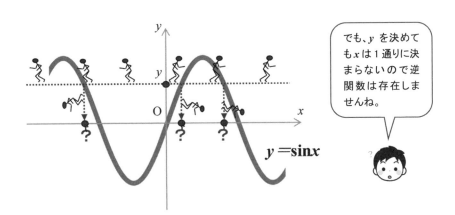

でも、y を決めても x は1通りに決まらないので逆関数は存在しませんね。

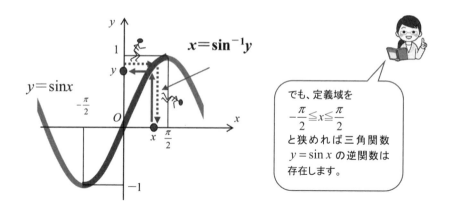

でも、定義域を
$-\dfrac{\pi}{2} \leqq x \leqq \dfrac{\pi}{2}$
と狭めれば三角関数
$y = \sin x$ の逆関数は
存在します。

〔**解説**〕 三角関数 $y = \sin x$ は、前ページのグラフからわかるように、x に対して y がただ 1 つ決まりますが、増加したり減少したりするので、y に対して x は 1 つには決まりません。したがって、逆関数は存在しません。しかし、$y = \sin x$ の定義域を $-\pi/2 \leqq x \leqq \pi/2$ に限定すれば、y に対応する x はただ 1 つに決まります。つまり、$y = \sin x$ の逆関数 $x = \sin^{-1} y$ が存在します（上図）。

ここで、$x = \sin^{-1} y$ の x と y を交換して $y = \sin^{-1} x$ とすれば、この関数の定義域は $-1 \leqq x \leqq 1$、値域は $-\pi/2 \leqq y \leqq \pi/2$ となります（右図）。

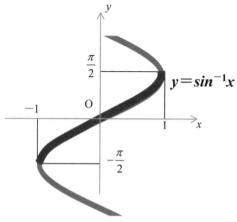

$y = \sin^{-1} x$ の場合、x に対して $-\pi/2 \leqq y \leqq \pi/2$ を満たす y の値を関数 $y = \sin^{-1} x$ の**主値**（**主枝**）といいます。なお、

$y = \sin^{-1}x$ を $y = \arcsin x$ とも書きます。

$y = \cos x$、$y = \tan x$ の逆三角関数も同様に定義されます。ただし、定義域や主値がそれぞれ異なることに注意してください。

逆三角関数　（定義域）	主値(Principal Value)
$y = \sin^{-1}x$　　$(-1 \leqq x \leqq 1)$	$-\pi/2 \leqq x \leqq \pi/2$
$y = \cos^{-1}x$　　$(-1 \leqq x \leqq 1)$	$0 \leqq x \leqq \pi$
$y = \tan^{-1}x$　　(x は実数全体)	$-\pi/2 < x < \pi/2$

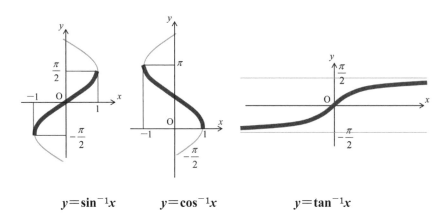

$y = \sin^{-1}x$　　　　$y = \cos^{-1}x$　　　　　　$y = \tan^{-1}x$

〔例〕　次の関数の主値を求めてみましょう。

(1)　$\sin^{-1}\dfrac{\sqrt{2}}{2} = \dfrac{\pi}{4}$, $\sin^{-1}0.5 = \dfrac{\pi}{6}$, $\sin^{-1}(-0.5) = -\dfrac{\pi}{6}$, $\sin^{-1}(-1) = -\dfrac{\pi}{2}$

(2)　$\cos^{-1}\dfrac{\sqrt{2}}{2} = \dfrac{\pi}{4}$, $\cos^{-1}0.5 = \dfrac{\pi}{3}$, $\cos^{-1}(-0.5) = \dfrac{2}{3}\pi$, $\cos^{-1}(-1) = \pi$

(3)　$\tan^{-1}\dfrac{\sqrt{3}}{3} = \dfrac{\pi}{6}$, $\tan^{-1}1 = \dfrac{\pi}{4}$, $\tan^{-1}(-1) = -\dfrac{\pi}{4}$, $\tan^{-1}(-\sqrt{3}) = -\dfrac{\pi}{3}$

1-19 指数関数

関数 $y = a^x$ を指数関数という。ただし、$a > 0$、$a \neq 1$

指数関数は単調ですね。

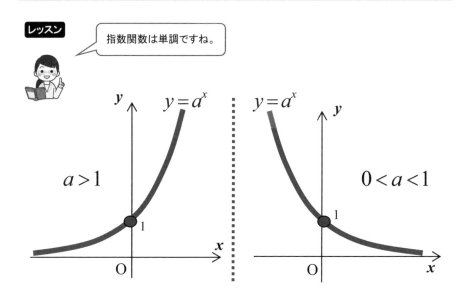

〔**解説**〕 指数関数 $y = a^x$ は底 a が 1 より大きいか小さいかで性質を大きく変えます。つまり、$a > 1$ のとき単調増加関数、$0 < a < 1$ のとき単調減少関数です。しかも急激に増加、減少する関数として有名です。いずれにしても、x 軸が漸近線となります。なお、$y = a^x$ と $y = \left(\dfrac{1}{a}\right)^x = a^{-x}$ の

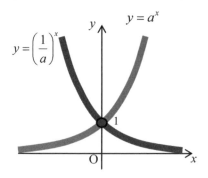

グラフは y 軸対称となります。

(注) $a=1$ のときは $y=a^x=1^x=1$ となって定数関数になります。

＜MEMO＞　指数の拡張

a^x の値を次の指数法則が成り立つように指数 x の範囲を拡張します。

$a^p a^q = a^{p+q}$ 、 $(a^p)^q = a^{pq}$ 、 $(ab)^p = a^p b^p$ 　　ただし a, b は正の数

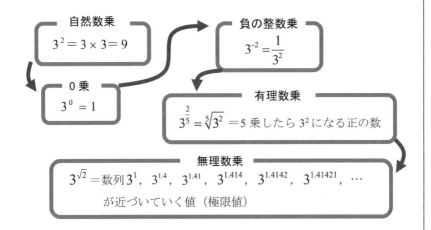

上記の 3^x を例に、一般の a^x の定義を理解しておきましょう。なお、指数が有理数の場合を一般論でまとめると次のようになります。

$a>0$、$m(>0)$ と n が整数のとき、$a^{\frac{n}{m}} = \sqrt[m]{a^n}$ と定義します。ここで、$\sqrt[m]{A}$ とは m 乗して A となる正の数のことです。ただし、$A>0$ とします。

なお、指数 x が無理数の場合には無理数が有理数の数列の極限値で表現できることを利用します。

　　例：1, 1.4, 1.41, 1.414, 1.4142, 1.41421, ……　→　$\sqrt{2}$

このとき、例えば $3^{1.414}$ などは $1.414 = \dfrac{1414}{1000}$ より $\sqrt[1000]{3^{1414}}$ となります。

1-20 対数関数

指数関数 $y = a^x$ の逆の対応 $x = \log_a y$ において、y を x に、x を y に書き換えた $y = \log_a x$ を**対数関数**という。

レッスン

指数関数 $y = a^x$ を x について解いた式を $x = \log_a y$ と書きます。

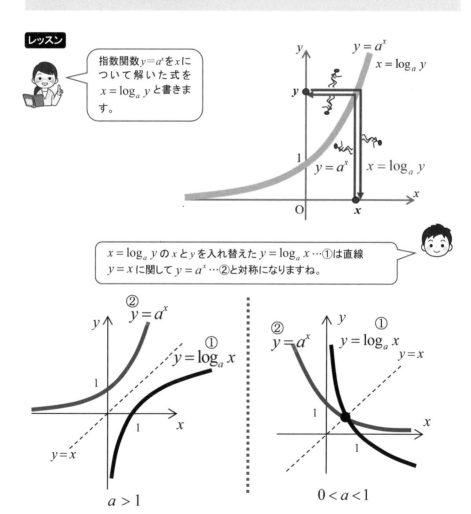

$x = \log_a y$ の x と y を入れ替えた $y = \log_a x \cdots$ ①は直線 $y = x$ に関して $y = a^x \cdots$ ②と対称になりますね。

〔解説〕 指数関数 $y = a^x$ は a の値によって単調増加か単調減少になるのでその逆の対応が考えられます。この逆の対応を $x = \log_a y$ と書くことにします。

$y = a^x$ と $x = \log_a y$ のグラフは同じですが、$x = \log_a y$ の x と y を入れ替えた $y = \log_a x$ のグラフは $y = a^x$ と直線 $y = x$ に関して対称な位置にあります。

なお、$y = \log_a x$ の定義域は正の実数、値域は実数全体であることがわかります（右図）。

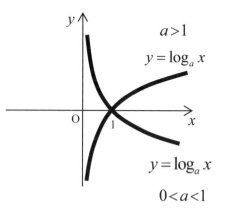

(注)　$y = \log_a x$ ではなく x と y を入れ替える前の $x = \log_a y$ を $y = a^x$ の逆関数ということがあります。微分における「逆関数の微分法」(2-14)はまさしく x と y を入れかえていません。

┌─ ＜MEMO＞　関数記号 log（ログ）の定義 ─

$y = ax + b \ (a \neq 0)$ ならば、$x = \dfrac{y-b}{a}$ と書けます。しかし、$y = a^x$ については従来の記号を用いて x を y を使った式で書くことができません。そこで、新たな記号 log を使って、$x = \log_a y$ と書くことにします。

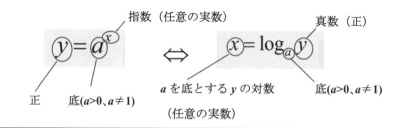

1-21 自然対数

レッスン

$e > 1$ なので、$y = \log_e x$ は下図のような単調増加になります。

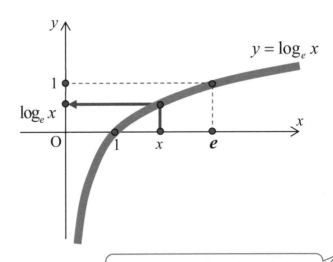

微分・積分で $y = \log x$ が出てきたら、$y = \log_e x$ と考えればいいのですね。

〔解説〕　自然対数はスコットランドの数学者ジョン・ネイピア(1550～1617)が見出したネイピアの数 $e＝2.71828\cdots$（<MEMO>参照）を底とした対数です。この**自然対数を用いることにより、指数関数、対数関数の微分・積分等が簡潔に表現される**ことになります。

(注) $\lim_{h\to 0}(1+h)^{\frac{1}{h}}$ とは h を限りなく 0 に近づけたときの $(1+h)^{\frac{1}{h}}$ が近づいていく値のことです。

＜MEMO＞　ネイピアの数 e

$\lim_{x\to\pm\infty}\left(1+\dfrac{1}{x}\right)^{x}$ や $\lim_{x\to 0}(1+x)^{\frac{1}{x}}$ がともに $e＝2.71828\cdots$ という値に近づくことを証明するのは簡単ではありません。しかし、$0<x<100$ における下記の $y=\left(1+\dfrac{1}{x}\right)^{x}$ のグラフを見れば $\lim_{x\to\infty}\left(1+\dfrac{1}{x}\right)^{x}$ が一定の値(2.7 ぐらい)に収束することはなんとなくわかります。

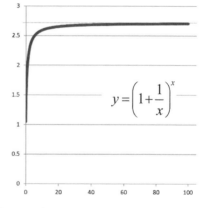

(注1)　e の近似値は「鮒一鉢二鉢」と覚えるとよいが、大変だったら約2.7と覚えておこう。

(注2)　微分の理論によると　$e=1+\dfrac{1}{1!}+\dfrac{1}{2!}+\dfrac{1}{3!}+\cdots+\dfrac{1}{n!}+\cdots$　（! は階乗記号）

(注3)　円周率 π、ネイピアの数 e、虚数単位 i(i は $i^{2}=-1$ を満たす数)の3つの数の間には $e^{i\pi}=-1$ という美しい関係があります。これは「**オイラーの等式**」と呼ばれる有名な式で、この式を物理学者のリチャード・ファインマンは「**人類の至宝**」と称えました。

＜MEMO＞　解析幾何学（*analytic geometry*）とは

　平面や空間に座標を設定し、図形の性質を計算で（つまり、代数的に）解明する幾何学を**解析幾何学**（座標幾何学、デカルト幾何学）といいます。座標の考え方はフランスの数学者ルネ・デカルト（1596〜1650）やピエール・ド・フェルマー（1607〜1665）らによって考え出されたものです。

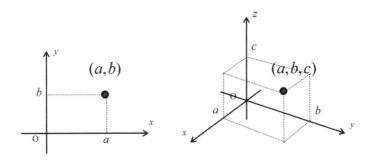

この座標の考え方は、その後、ドイツのゴットフリート・ライプニッツ（1646〜1716）、イギリスのアイザック・ニュートン（1642〜1727）らによって利用され、彼らが微分・積分学を構築する際の 礎_{いしずえ}になりました。

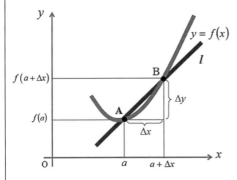

　解析幾何学が作られるまでの幾何学の主流はギリシャ時代にユークリッドがまとめた**ユークリッド幾何学**でした。この幾何学は公理をもとに図形の性質を調べるもので、この公理主義の考え方は幾何学のみならず、その後の数学の作り方に大きな影響を与えてきました。

第2章　微分の基本

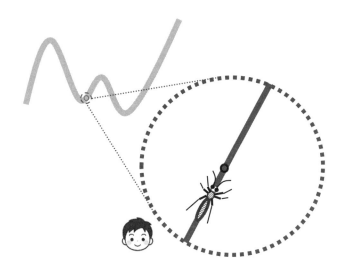

微分とは、いわば路に這いつくばった虫の立場で路を見る考え方です。空を飛ぶ鳥にとって曲がって見える路は、虫にとっては単純な直線に見えるのです。

この見方が微分の基本になります。

2-1 関数の極限

変数 x が a と異なる値をとりながら限りなく a に近づくとき、$f(x)$ が限りなく b という値に近づくならば、このことを $\lim_{x \to a} f(x) = b$ と書き、b を $f(x)$ の**極限値**という。

レッスン

$x \to a$ は $x \neq a$ が大前提です。下記はいずれも $\lim_{x \to a} f(x) = b$ が成立しています。

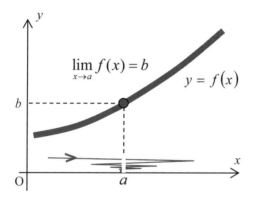

$$\lim_{x \to a} f(x) = b$$

$y = f(x)$

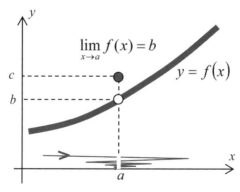

$$\lim_{x \to a} f(x) = b$$

$y = f(x)$

$x = a$ における $f(x)$ の値の「有る、無し」は不問ですね!!

〔**解説**〕 $\lim\limits_{x \to a} f(x) = b$ では $x \neq a$ であることに注意してください。このとき、$f(a) = b$ でも $f(a) \neq b$ でもよく、また、$f(a)$ が存在しなくてもよいのです。

なお、「$x \to a$」には「x がどの方向から a に近づこうとも」という意味も含まれていますが、これに対し「a に近づく向き」を指定したものもあります。変数 x が a より**大きな値をとりながら** a に近づくことを「$x \to a+0$」と書き、このときの $f(x)$ の極限値を $\lim\limits_{x \to a+0} f(x)$、$a$ における $f(x)$ の**右方極限**といいます。また、変数 x が a より**小さな値をとりながら** a に近づくことを「$x \to a-0$」と書き、このときの $f(x)$ の極限値を $\lim\limits_{x \to a-0} f(x)$、$a$ における $f(x)$ の**左方極限**といいます。

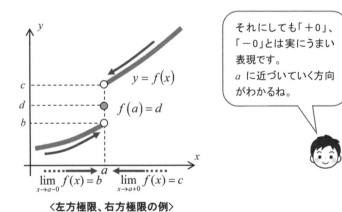

それにしても「＋0」、「－0」とは実にうまい表現です。a に近づいていく方向がわかるね。

〈左方極限、右方極限の例〉

なお、次の同値関係が成立します。

$$\text{「} \lim_{x \to a+0} f(x) = b \, \text{かつ} \, \lim_{x \to a-0} f(x) = b \text{」} \Leftrightarrow \lim_{x \to a} f(x) = b$$

（注）　$a=0$ のときには「$x \to 0+0$」は簡単に「$x \to +0$」と、また、「$x \to 0-0$」は簡単に「$x \to -0$」と書きます。

〔例1〕
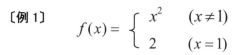
$$f(x) = \begin{cases} x^2 & (x \neq 1) \\ 2 & (x = 1) \end{cases}$$

なる関数において

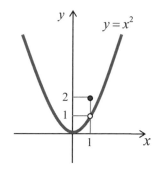

$\lim_{x \to 1} f(x) = 1 \ (\neq f(1) = 2)$

$\lim_{x \to 3} f(x) = 9 \ (= f(3))$

$\lim_{x \to 1-0} f(x) = \lim_{x \to 1+0} f(x) = 1$

〔例2〕　$\displaystyle\lim_{x \to 1} \frac{x^2-1}{x-1} = \lim_{x \to 1} \frac{(x-1)(x+1)}{(x-1)} = \lim_{x \to 1}(x+1) = 2$

--- ＜MEMO＞　$\varepsilon - \delta$ 法（イプシロン・デルタ法）---

　「近づく」という言葉は極めて直観的でどうしても曖昧さがつきまといます。本書は「直観的に微分・積分を理解する」ことを目指していることもあって厳密性に欠けることもあります。$\lim_{x \to a} f(x) = b$ を厳密に定義すると、次のようになりますので参考にしてください。わからなくても今後の学習に支障はありません。

$$\lim_{x \to a} f(x) = b \underset{\text{定義}}{=} \begin{array}{l} \text{任意の正の数 } \varepsilon \text{ に対して } \delta \text{ が存在して} \\ 0 < |x-a| < \delta \text{ ならば } \quad |f(x)-b| < \varepsilon \end{array}$$

　この定義は $\varepsilon - \delta$ 法（イプシロン・デルタ法）と呼ばれています。この定義に直面した少なからぬ理系の大学生が数学から脱落したそうです。上記の定義で「なるほどね」と思えた人は実にスゴイことです。

2-2 関数の連続

$\lim_{x \to a} f(x) = f(a)$ のとき、関数 $f(x)$ は $x = a$ で**連続**であるという。
$f(x)$ が区間内のすべての点で連続であるとき、$f(x)$ はこの**区間で連続**であるという。なお、$x = a$ で連続でないとき**不連続**であるという。

レッスン

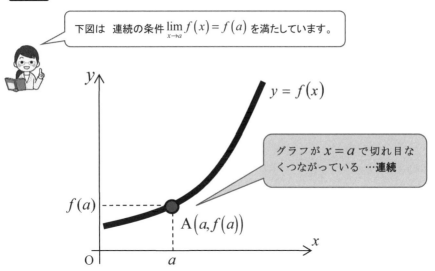

下図は 連続の条件 $\lim_{x \to a} f(x) = f(a)$ を満たしています。

$y = f(x)$

グラフが $x = a$ で切れ目なくつながっている …連続

A$(a, f(a))$

〔**解説**〕 関数 $f(x)$ が $x = a$ で連続であるということは、直観的には関数 $y = f(x)$ のグラフが点 $(a, f(a))$ で切れ目なくつながっているということです。連続を理解するためには不連続の世界を見ておくとよいでしょう。次ページの図の場合、$\lim_{x \to a} f(x) = b \neq f(a)$ となり、連続の式は満たしていません。つまり、不連続です。このとき、$x = a$ でつながっていません。

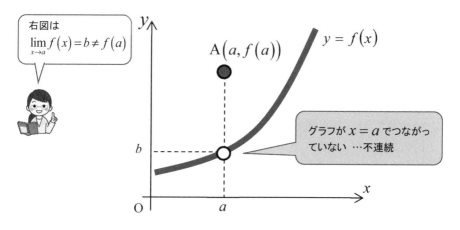

右図は
$$\lim_{x \to a} f(x) = b \neq f(a)$$

$A(a, f(a))$

$y = f(x)$

グラフが $x=a$ でつながっ
ていない …不連続

b

O a

(注)　関数 $f(x)$ が区間 $[a, b]$ の端点で連続とは、$\displaystyle\lim_{x \to a+0} f(x) = f(a)$、$\displaystyle\lim_{x \to b-0} f(x) = f(b)$ を満
たしているものとします。前者の場合 $x=a$ で**右方連続**、後者の場合 $x=b$ で**左方連続**
であるといいます。

　2 次関数をはじめ高校数学で扱った多くの関数は連続関数です。しか
し、広範囲の関数を調べると不連続関数もたくさんあります。

〔**例1**〕　$f(x) = \dfrac{x^2 - 1}{x - 1}$ は $x=1$ で $f(1)$ が存在しないので不連続です。

〔**例2**〕　次の関数はいたるところ不連続な関数として有名です。

$$f(x) = \begin{cases} 1 & (x \text{ が無理数}) \\ 0 & (x \text{ が有理数}) \end{cases}$$

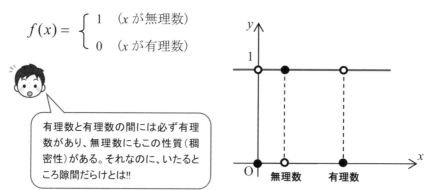

有理数と有理数の間には必ず有理
数があり、無理数にもこの性質（稠
密性）がある。それなのに、いたると
ころ隙間だらけとは!!

y

1

O   無理数　　有理数　　x

＜MEMO＞　埋められる不連続、埋められない不連続

$y = f(x) = x\sin\left(\dfrac{1}{x}\right)$ は、$f(0)$ は存在しないので $x=0$ で不連続です。

しかし、$\displaystyle\lim_{x\to 0} x\sin\left(\dfrac{1}{x}\right) = 0$ なので、$f(0) = 0$ と定義すれば $f(x)$ は実数全体で連続です。このとき、この関数は $x=0$ で**埋められる不連続**であるといいます

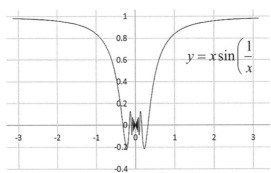

$$y = x\sin\left(\frac{1}{x}\right)$$

　一方、$y = f(x) = \sin\left(\dfrac{1}{x}\right)$ は、$\displaystyle\lim_{x\to 0}\sin\left(\dfrac{1}{x}\right)$ は振動し存在しません。したがって $f(0)$ をどう定義しても $x=0$ で不連続です。このとき、この関数は $x=0$ で**埋められない不連続**であるといいます。

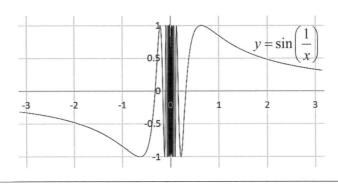

$$y = \sin\left(\frac{1}{x}\right)$$

2-3 はさみうちの原理

$$
\left.\begin{array}{l}
f(x) < h(x) < g(x) \\
\displaystyle\lim_{x \to a} f(x) = \lim_{x \to a} g(x) = b
\end{array}\right\} \quad \Rightarrow \quad \lim_{x \to a} h(x) = b
$$

レッスン

b 地点に向かって突き進む2つのブルドーザーに挟まれたAさんは、b 地点の人となります。

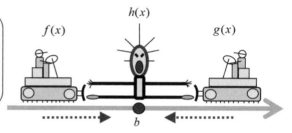

〔解説〕 x が a に限りなく近づくとき、$f(x)$ と $g(x)$ の値がともに b に近づくならば、それに挟まれた $h(x)$ の値も b に近づくという定理です。

〔例〕 $x > 0$ のとき（$x < 0$ のときは $\theta = -x$ などと書き換える）、右図より面積について、

三角形 ABD ＜ 扇形 ABD ＜ 直角三角形 ABC

が成立する。よって、$\dfrac{1}{2} \cdot 1 \cdot 1 \sin x < \dfrac{1}{2} \cdot 1^2 x < \dfrac{1}{2} \cdot 1 \cdot \tan x$

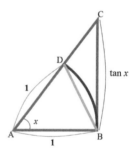

ゆえに、$\sin x < x < \tan x$

$\sin x > 0$ より $1 < \dfrac{x}{\sin x} < \dfrac{1}{\cos x}$ よって ϕ $1 > \dfrac{\sin x}{x} > \cos x$

ここで、$\displaystyle\lim_{x \to a} \cos x = 1$ ゆえに $\displaystyle\lim_{x \to 0} \dfrac{\sin x}{x} = 1$ ……三角関数の微分で使います。

2-4 中間値の定理

関数 $f(x)$ は区間 $[a,b]$ で連続で $f(a) \neq f(b)$ とする。このとき $f(a)$ と $f(b)$ の間の任意の値 m に対して $f(c)=m$ となる c が区間 $[a,b]$ に少なくとも1つ存在する。これを**中間値の定理**という。

レッスン

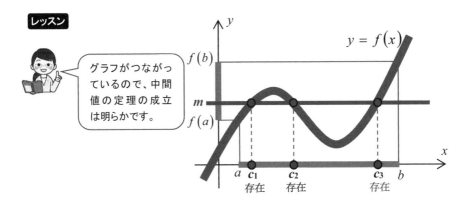

グラフがつながっているので、中間値の定理の成立は明らかです。

〔**解説**〕 関数の連続を「**グラフが切れ目なくつながっている**」と理解していれば中間値の定理はわかりやすい。上図のように $f(a)$ と $f(b)$ の間の任意の値 m に対して、$f(c)=m$ となる c が区間 $[a,b]$ に少なくとも1つ（この場合は3つ）存在することがわかります。なお、この中間値の定理は次のように表現を変えて使うことがあります。

〔**変形定理**〕 関数 $f(x)$ は区間 $[a,b]$ で連続で $f(a)f(b)<0$ とする。このとき $f(c)=0$ となる c が区間 (a,b) に少なくとも1つ存在する（右図の場合は3つ存在する）。

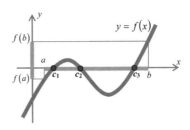

2-5　関数 $y = f(x)$ の平均変化率

$\Delta y = f(a+\Delta x) - f(a)$ とするとき、$\dfrac{\Delta y}{\Delta x} = \dfrac{f(a+\Delta x) - f(a)}{\Delta x}$ を
区間 $[a, a+\Delta x]$ における関数 $y = f(x)$ の**平均変化率**という。

レッスン

平均変化率 $\dfrac{\Delta y}{\Delta x}$ は 2 点 A、B を通る直線 l の傾きです。

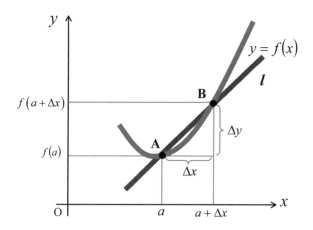

〔**解説**〕　区間 $[a, a+\Delta x]$ における関数 $f(x)$ の変化の度合いは場所によって異なります（次ページ図）。そこで、**平均**という考え方が生まれます。
「均」には「**ならす**」という意味があります。$y = f(x)$ の変化の度合いを区間 $[a, a+\Delta x]$ で一律に均したものが

$$\frac{\Delta y}{\Delta x} = \frac{f(a+\Delta x) - f(a)}{\Delta x}$$

なのです。これは図形的には**2点A、Bを通る直線 l の傾き**のことです。

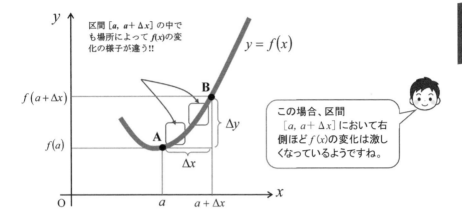

ここで、関数 $y = f(x)$ の x が時間で y が位置であれば、平均変化率は移動距離をかかった時間で割っているので「**平均の速さ**」を表わします。

〔例〕 関数 $y = f(x) = x^2$ の変数 x が $x = 1$ から $x = 1 + \Delta x$ まで変化したときの平均変化率は $\dfrac{\Delta y}{\Delta x} = \dfrac{f(a + \Delta x) - f(a)}{\Delta x} = \dfrac{(1 + \Delta x)^2 - 1^2}{\Delta x} = 2 + \Delta x$ です。

＜MEMO＞ 増分とは

x が $x = a$ から $x = a + \Delta x$ まで Δx 変化したときの x の変化量 Δx を x の**増分**といいます。このとき、関数 $y = f(x)$ は $f(a + \Delta x) - f(a)$ だけ変化します。この変化量を $\Delta y(= f(a + \Delta x) - f(a))$ と書き、**y の増分**といいます。増分という言葉には増えるイメージがありますが、増分とは、x や y の変化量という意味であって、減る場合もあります。このとき、増分 Δx、Δy は負の値になります。なお、$\Delta x \neq 0$ ですが、Δy については 0 になることがあります。

2-6 微分可能と微分係数（その1）

$$\lim_{\Delta x \to 0} \frac{\Delta y}{\Delta x} = \lim_{\Delta x \to 0} \frac{f(a+\Delta x) - f(a)}{\Delta x}$$ が極限値を持つとき、この値を関数 $f(x)$ の $x=a$ における**微分係数**といい $f'(a)$ と書く。つまり、

$$f'(a) = \lim_{\Delta x \to 0} \frac{\Delta y}{\Delta x} = \lim_{\Delta x \to 0} \frac{f(a+\Delta x) - f(a)}{\Delta x}$$

レッスン

$\dfrac{\Delta y}{\Delta x}$ は区間 $[a,\ a+\Delta x]$ における平均変化率で、2点 A、B を通る直線の傾きです。

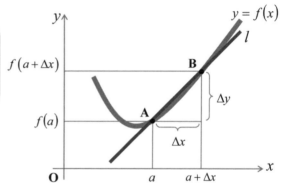

Δx を 0 に近づけます。

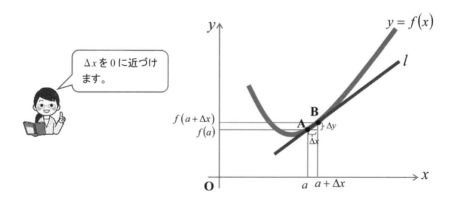

064

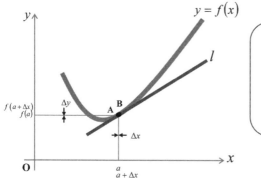

〔**解説**〕　変数 x が $x=a$ から $x=a+\Delta x$ まで変化したときの関数 $y=f(x)$ の平均変化率 $\dfrac{\Delta y}{\Delta x}$ が、$\Delta x\to0$ のとき、ある一定の値に収束すれば、関数 $f(x)$ は $x=a$ で**微分可能**であるといいます。また、この一定の値を関数 $f(x)$ の $x=a$ における**微分係数**といい、$f'(a)$ と書きます。つまり、

$$f'(a)=\lim_{\Delta x\to0}\frac{\Delta y}{\Delta x}=\lim_{\Delta x\to0}\frac{f(a+\Delta x)-f(a)}{\Delta x}$$

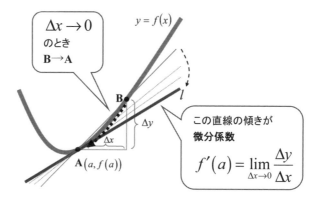

（注）　$f'(a)$ の「′」は**プライム**（*prime*）と読み、$f'(a)$ は英語では「*f prime of a*」と読みます。

〔**例**〕 関数 $y = f(x) = x^2$ の $x = 1$ における微分係数 $f'(1)$ は

$$f'(a) = \lim_{\Delta x \to 0} \frac{\Delta y}{\Delta x} = \lim_{\Delta x \to 0} \frac{f(a + \Delta x) - f(a)}{\Delta x} \quad \text{より}$$

$$f'(1) = \lim_{\Delta x \to 0} \frac{(1 + \Delta x)^2 - 1^2}{\Delta x} = \lim_{\Delta x \to 0} (2 + \Delta x) = 2$$

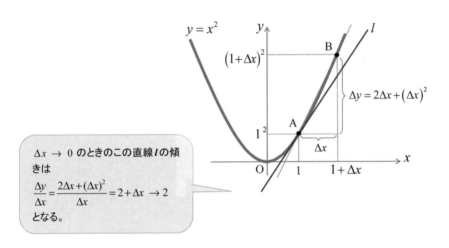

$\Delta x \to 0$ のときのこの直線 l の傾きは

$$\frac{\Delta y}{\Delta x} = \frac{2\Delta x + (\Delta x)^2}{\Delta x} = 2 + \Delta x \to 2$$

となる。

＜MEMO＞ $\Delta x \to 0$ と $\Delta x = 0$ は大違い

「$\Delta x \to 0$」とは、Δx が限りなく 0 に近づくことですが、決して 0 にはなりません。$\Delta x \neq 0$ だから約分することができるので、例えば、$y = f(x) = x^2$ の $x = 1$ における平均変化率は、

$$\frac{\Delta y}{\Delta x} = \frac{(1 + \Delta x)^2 - 1^2}{\Delta x} = \frac{2\Delta x + (\Delta x)^2}{\Delta x} = 2 + \Delta x$$

となります。したがって、$2 + \Delta x$ の Δx に 0 を代入して微分係数 2 を求めると考えることはよくありません。あくまでも $\Delta x \to 0$ として微分係数 2 を求めます。

2-7 微分可能と微分係数 (その2)

$y = f(x)$ のグラフを点 $\mathrm{A}(a, f(a))$ の付近で無限に拡大したとき、その
グラフを直線と見なせれば、$y = f(x)$ は $x = a$ で微分可能となる。この
直線の傾きが微分係数 $f'(a)$ である。

レッスン

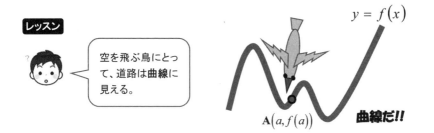

空を飛ぶ鳥にとっ
て、道路は曲線に
見える。

$y = f(x)$

$\mathrm{A}(a, f(a))$

曲線だ!!

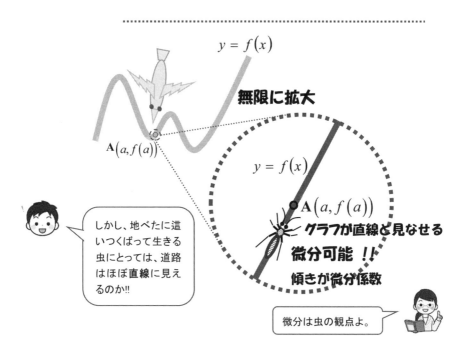

しかし、地べたに這
いつくばって生きる
虫にとっては、道路
はほぼ直線に見え
るのか!!

$y = f(x)$

無限に拡大

$y = f(x)$

$\mathrm{A}(a, f(a))$

グラフが直線と見なせる

微分可能!!

傾きが微分係数

微分は虫の観点よ。

〔**解説**〕 前節では微分可能や微分係数を式で説明しました。ここではこれらの意味を図で直観的に説明しましょう。

関数 $y = f(x)$ のグラフを点 $A(a, f(a))$ で限りなく拡大したとき、このグラフが点 A の付近で直線と見なせたとします。このときに、関数 $y = f(x)$ は $x = a$ で**微分可能**であるといい、その傾きを**微分係数**といいます。大空を舞う鳥の立場に立てば道路が曲がりくねって見えますが（鳥瞰図）、地べたに這いつくばる虫からすれば道路は直線に見えます（虫瞰図かな）。したがって、前節 2-6 の直線 AB の傾き $\dfrac{\Delta y}{\Delta x}$ がぐらつかずに、いや、ぐらつきようもなく、一定の値に近づくことがわかります。このように微分の考え方は虫の立場で関数の振る舞いを見ることなのです。この直線 l が接線の考え方に結びつきます（§2-9）。

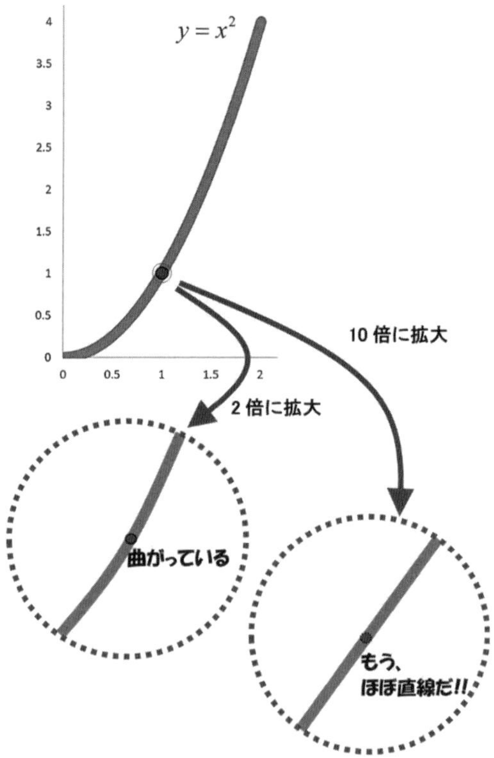

右図は、$y = x^2$ のグラフを点 $(1, 1)$ 付近でそれぞれ 2 倍と 10 倍に拡大したものですが、10 倍くらいで、ほぼ、直線に見えてしまいます。

なお、関数 $f(x)$ のグラフが連続で滑らかであれば、これを拡大すると直線と見なせ、$f(x)$ は微分可能となります。

$y = x^2$

10 倍に拡大

2 倍に拡大

曲がっている

もう、ほぼ直線だ!!

─ **＜MEMO＞**　「微分可能でない」とは ──────────

　関数 $y = f(x)$ が $x = a$ で微分できないということは、図形的にいえば、$y = f(x)$ のグラフを $x = a$ でどんなに拡大しても、グラフがそこでは直線と見なせないということです。例えば次のような場合があります。

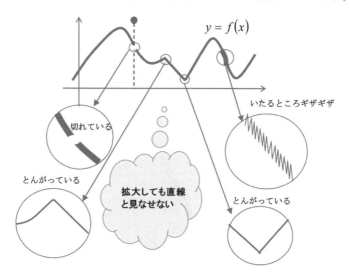

　いたるところギザギザな曲線の例としてはコッホ曲線があります。

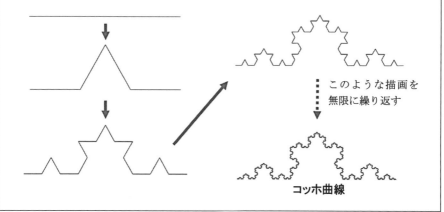

コッホ曲線

2-8 微分可能と連続

関数 $f(x)$ が $x=a$ で微分可能ならば $f(x)$ は $x=a$ で連続である。また、関数 $f(x)$ が区間 I で微分可能であれば $f(x)$ は区間 I で連続である。

レッスン

「微分可能ならば連続」…①と同値である対偶は「連続でなければ微分可能でない」…②です。②は下図から明らかです。

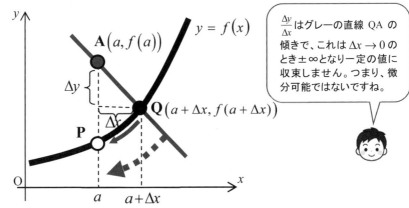

$\frac{\Delta y}{\Delta x}$ はグレーの直線 QA の傾きで、これは $\Delta x \to 0$ のとき $\pm\infty$ となり一定の値に収束しません。つまり、微分可能ではないですね。

〔解説〕　$\displaystyle\lim_{\Delta x \to +0} \frac{f(a+\Delta x)-f(a)}{\Delta x}$ が収束することから $\displaystyle\lim_{\Delta x \to 0} f(a+\Delta x) = f(a)$

を導いて「微分可能なら連続である」というのが通常の説得方法です。

しかし、上図のように切れ目があることから視覚に訴えて対偶の世界の

成立を主張し「微分可能なら連続」を導くこともできます。

(注1)「p ならば q」とその対偶「q でないならば p でない」は同値で真偽が一致します。

(注2)「連続ならば微分可能」は不成立です。関数 $y=|x|$ における $x=0$。

2-9　微分可能と接線

関数 $f(x)$ が $x = a$ で微分可能であれば、$y = f(x)$ 上の点 $A(a, f(a))$ において接線が存在し、その傾きは $f'(a)$ となる。

レッスン

曲線上の点 P における接線とは、点 P とその近くでしだいに P に近づく曲線上の点列 Q_1、Q_2、Q_3、……があるとき、直線 Q_1P、Q_2P、Q_3P、……が近づく直線 l のことです（＜MEMO＞参照）。

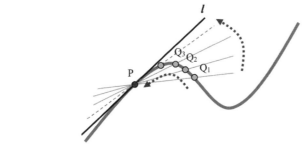

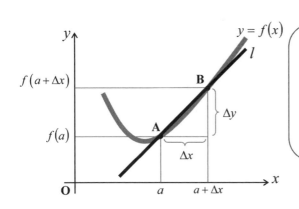

関数 $f(x)$ が $x = a$ で微分可能であるとは、左図の Δx, Δy において

$$\lim_{\Delta x \to 0} \frac{\Delta y}{\Delta x} = \lim_{\Delta x \to 0} \frac{f(a + \Delta x) - f(a)}{\Delta x}$$

が一定値に収束することで、この値を $f'(a)$ と書きました。

前ページの図において $\Delta x \to 0$ のとき、B が A に限りなく近づきますが、微分可能だから、直線 BA は傾きが $f'(a)$ の直線 l に限りなく近づきます（右図）。したがって、この l が接線となりますね。

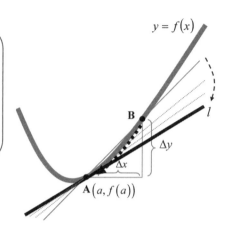

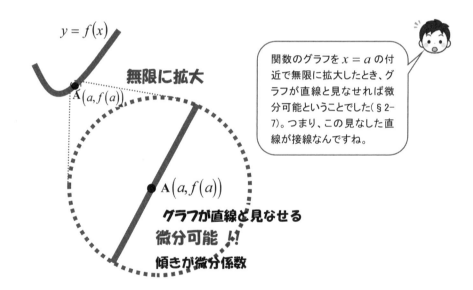

関数のグラフを $x = a$ の付近で無限に拡大したとき、グラフが直線と見なせれば微分可能ということでした（§2-7）。つまり、この見なした直線が接線なんですね。

無限に拡大

グラフが直線と見なせる

微分可能!!

傾きが微分係数

〔**解説**〕 関数 $f(x)$ の $x = a$ における変化率、つまり、微分係数 $f'(a)$ が関数 $y = f(x)$ のグラフ上の点 $\mathrm{A}(a, f(a))$ における接線の傾きです。この考え方は、今後、微分を学ぶ上で大いに役に立ちます。

＜MEMO＞　接線とは

　「接線とは……」と問われると、「接する直線」と答えがちです。しかし、これでは接線を定義したことにはなりません。「接するとはどういうことなのか」の説明がないからです。そこで、以下に接線の定義を紹介しましょう。

> 　曲線上の点 P と、その近くでしだいに P に近づく曲線上の点列 Q_1、Q_2、Q_3、……がある。このとき、直線 Q_1P、Q_2P、Q_3P、……がしだいにある一定の直線 l に近づくならば、この一定の直線 l を、この曲線上の点 P における**接線**という。また点 P を**接点**という。

曲線上の点 P における接線 l を図示すると右図のようになります。

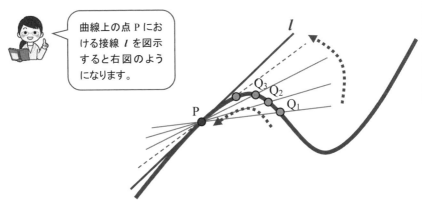

　この定義からわかるように、接線の存在と微分可能とは別のことです。そのため、下図のように微分できない点 P においても接線が存在する可能性はあります。

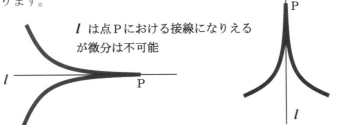

l は点 P における接線になりえるが微分は不可能

2-10 左方微分係数・右方微分係数

(1) $\displaystyle \lim_{\Delta x \to -0} \frac{f(a+\Delta x)-f(a)}{\Delta x}$ を**左方微分係数**といい、$f_{-}'(a)$ と書く。

(2) $\displaystyle \lim_{\Delta x \to +0} \frac{f(a+\Delta x)-f(a)}{\Delta x}$ を**右方微分係数**といい、$f_{+}'(a)$ と書く。

レッスン

$\displaystyle \lim_{\Delta x \to 0} \frac{f(a+\Delta x)-f(a)}{\Delta x}$
において、Δx は正負いろいろ値を取りますが、Δx を負に限定して 0 に近づける場合が左方微分係数です。

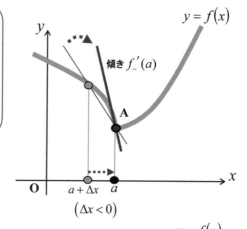

$(\Delta x < 0)$

$\displaystyle \lim_{\Delta x \to 0} \frac{f(a+\Delta x)-f(a)}{\Delta x}$
において、Δx を正に限定して 0 に近づける場合が右方微分係数です。

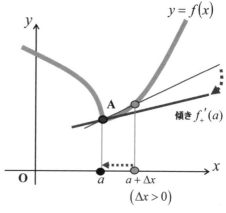

$(\Delta x > 0)$

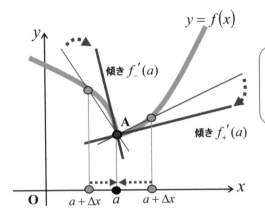

この場合、左方微分係数と右方微分係数が異なっているのですね。

このように左方微分係数と右方微分係数が存在していてもそれらが異なっているときは、関数 $f(x)$ は $x=a$ で微分可能とはいえません。微分可能の条件は両者が一致することです。

〔解説〕 関数 $f(x)$ が $x=a$ において微分係数 $f'(a)$ が存在するためには、左方微分係数 $f'_-(a)$ と右方微分係数 $f'_+(a)$ がともに存在して $f'_-(a) = f'_+(a)$ でなければなりません。また、逆に、$f'_-(a) = f'_+(a)$ であれば関数 $f(x)$ は $x=a$ で微分可能であるといえます。微分可能とは、直観的には、グラフが滑らかなことです。尖った点では連続でも微分可能ではありません。

〔例〕 $y = f(x) = |x^2 - 1|$ のとき（右図）

$$f'_+(1) = \lim_{\Delta x \to +0} \frac{f(1+\Delta x) - f(1)}{\Delta x} = \lim_{\Delta x \to +0} \frac{(1+\Delta x)^2 - 1 - (1-1)}{\Delta x} = \lim_{\Delta x \to +0}(2 + \Delta x) = 2$$

$$f'_-(1) = \lim_{\Delta x \to -0} \frac{f(1+\Delta x) - f(1)}{\Delta x} = \lim_{\Delta x \to -0} \frac{-(1+\Delta x)^2 + 1 - (1-1)}{\Delta x} = \lim_{\Delta x \to -0}(-2 - \Delta x) = -2$$

2-11 導関数

$$\lim_{\Delta x \to 0} \frac{\Delta y}{\Delta x} = \lim_{\Delta x \to 0} \frac{f(x+\Delta x)-f(x)}{\Delta x}$$ を $f(x)$ の**導関数**といい、$f'(x)$、y'、$\dfrac{dy}{dx}$、$\dfrac{df(x)}{dx}$、$\dfrac{d}{dx}f(x)$ などと書く。ただし、$\Delta y = f(x+\Delta x)-f(x)$

レッスン

導関数 $f'(x)$ は微分係数の定義 $f'(a) = \displaystyle\lim_{\Delta x \to 0} \frac{f(a+\Delta x)-f(a)}{\Delta x}$ において a を x に書き換えたものです。

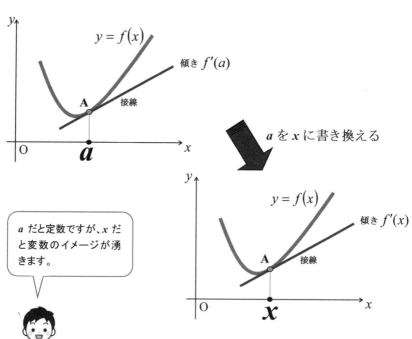

a だと定数ですが、x だと変数のイメージが湧きます。

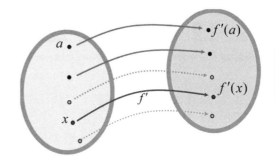

まさしくそうです。導関数 $f'(x)$ は個々の a に微分係数 $f'(a)$ を対応させる関数なのです。

〔**解説**〕 関数 $f(x)$ が区間 I に属するすべての x において微分可能であるとき、関数 $f(x)$ は**区間 I において微分可能**であるといいます。関数 $f(x)$ が区間 I において微分可能であるとき、区間 I に属する各々の x に、その微分係数 $f'(x)$ を対応させれば区間 I で定義された新たな関数 $f'(x)$ が得られます。この関数を $f(x)$ の**導関数**といいます。したがって関数 $f(x)$ の導関数 $f'(x)$ は $f'(x) = \lim_{\Delta x \to 0} \dfrac{f(x + \Delta x) - f(x)}{\Delta x}$ によって求められます。これは、§2-6 の**微分係数の定義式において a を変数 x に書き換え**たものです。

〔**例**〕 関数 $f(x) = x^2$ の導関数を求めてみましょう。

定義より、
$$\frac{dy}{dx} = \lim_{\Delta x \to 0} \frac{\Delta y}{\Delta x} = \lim_{\Delta x \to 0} \frac{f(x + \Delta x) - f(x)}{\Delta x} = \lim_{\Delta x \to 0} \frac{(x + \Delta x)^2 - x^2}{\Delta x}$$
$$= \lim_{\Delta x \to 0} \frac{2x\Delta x + (\Delta x)^2}{\Delta x} = \lim_{\Delta x \to 0} (2x + \Delta x) = 2x$$

＜MEMO＞ 導関数の記号の英語の読み方

$f'(x)$ …… *f prime of x* y' …… *y prime*

$\dfrac{dy}{dx}$ …… *dy dx* $\dfrac{df(x)}{dx}$ …… *df of x dx*

2-12 関数の和・差・積・商の導関数

2つの関数 $f(x)$、$g(x)$ が区間 I で微分可能であれば、区間 I で次の計算ができる。

(1) $\{f(x) \pm g(x)\}' = f'(x) \pm g'(x)$ （複号同順）

(2) $\{kf(x)\}' = kf'(x)$ ただし、k は定数

(3) $\{f(x)g(x)\}' = f'(x)g(x) + f(x)g'(x)$

(4) $\left\{\dfrac{f(x)}{g(x)}\right\}' = \dfrac{f'(x)g(x) - f(x)g'(x)}{\{g(x)\}^2}$

とくに $\left\{\dfrac{1}{g(x)}\right\}' = \dfrac{-g'(x)}{\{g(x)\}^2}$

レッスン

2つの関数 $f(x)$、$g(x)$ を足したり引いたり掛けたり割ったりすれば、新たな関数ができます。これらの関数の導関数を求めるには**微分の定義式(下式)**を使います。

$$f'(x) \underset{\text{定義}}{=} \lim_{\Delta x \to 0} \frac{f(x + \Delta x) - f(x)}{\Delta x}$$

例えば、上記の公式(3)はどうやって求めるのですか。

$F(x) = f(x)g(x)$ などとおいて $F'(x) = \lim_{\Delta x \to 0} \dfrac{F(x + \Delta x) - F(x)}{\Delta x}$ に代入します。

$$F'(x) = \lim_{\Delta x \to 0} \frac{F(x + \Delta x) - F(x)}{\Delta x} = \lim_{\Delta x \to 0} \frac{f(x + \Delta x)g(x + \Delta x) - f(x)g(x)}{\Delta x}$$

$$= \lim_{\Delta x \to 0} \frac{f(x + \Delta x)g(x + \Delta x) - f(x)g(x + \Delta x) + f(x)g(x + \Delta x) - f(x)g(x)}{\Delta x}$$

$$= \lim_{\Delta x \to 0} \frac{\{f(x + \Delta x) - f(x)\}g(x + \Delta x) + \{g(x + \Delta x) - g(x)\}f(x)}{\Delta x}$$

$$= \lim_{\Delta x \to 0} \left\{ \frac{f(x + \Delta x) - f(x)}{\Delta x}g(x + \Delta x) + \frac{g(x + \Delta x) - g(x)}{\Delta x}f(x) \right\}$$

$$= f'(x)g(x) + f(x)g'(x)$$

それじゃ、前ページの公式(4)はどうやって求めるのですか。

まずは、特殊な場合 $F(x) = \dfrac{1}{g(x)}$ の導関数を求めます。

$$F'(x) = \lim_{\Delta x \to 0} \frac{F(x + \Delta x) - F(x)}{\Delta x} = \lim_{\Delta x \to 0} \frac{\dfrac{1}{g(x + \Delta x)} - \dfrac{1}{g(x)}}{\Delta x}$$

$$= \lim_{\Delta x \to 0} \frac{g(x) - g(x + \Delta x)}{\Delta x g(x + \Delta x)g(x)} = \lim_{\Delta x \to 0} -\frac{g(x + \Delta x) - g(x)}{\Delta x} \times \frac{1}{g(x + \Delta x)g(x)} = \frac{-g'(x)}{\{g(x)\}^2}$$

これと前ページの(3)を使うのですね。

$$\left\{ \frac{f(x)}{g(x)} \right\}' = \left\{ f(x) \times \frac{1}{g(x)} \right\}' = f'(x)\frac{1}{g(x)} + f(x)\left[\frac{-g'(x)}{\{g(x)\}^2} \right]$$

$$= \frac{f'(x)g(x) - f(x)g'(x)}{\{g(x)\}^2}$$

〔**解説**〕 本節で紹介した導関数の公式を厳密に導くには関数の極限に関する性質（下記＜MEMO1＞）を使います。また、(3)を求めるときには、

$$0（零）＝ ■ － ■ \ 、0（零）＝ － ■ ＋ ■$$

というテクニックを使っています。つまり、もともとなかった $f(x)g(x+\Delta x)$ がこの ■ に相当します（MEMO2 参照）。数学においてこの式変形はよく使われます。

なお、(1)〜(4)は次のように**簡素化**して覚えるといいでしょう。

$$(u \pm v)' = u' \pm v' \qquad (ku)' = ku'$$

$$(uv)' = u'v + uv' \qquad \left(\frac{u}{v}\right)' = \frac{u'v - uv'}{v^2} \qquad \left(\frac{1}{v}\right)' = \frac{-v'}{v^2}$$

〔**例**〕
$$\left\{\frac{3x+2}{x^2+1}\right\}' = \frac{(3x+2)'(x^2+1) - (3x+2)(x^2+1)'}{(x^2+1)^2} = \frac{3(x^2+1) - (3x+2)\times 2x}{(x^2+1)^2}$$

$$= \frac{-3x^2 - 4x + 3}{(x^2+1)^2}$$

＜MEMO1＞　関数の極限の性質

$x \to x_0$ のとき　$f(x)$、$g(x)$ が収束すれば

(1) $\displaystyle \lim_{x \to x_0}\{f(x) \pm g(x)\} = \lim_{x \to x_0} f(x) \pm \lim_{x \to x_0} g(x)$ 　　　（複号同順）

(2) $\displaystyle \lim_{x \to x_0}\{kf(x)\} = k \lim_{x \to x_0} f(x)$ 　　　（k は定数）

(3) $\displaystyle \lim_{x \to x_0}\{f(x)g(x)\} = \left\{\lim_{x \to x0} f(x)\right\}\left\{\lim_{x \to x_0} g(x)\right\}$

(4) $\displaystyle \lim_{x \to x_0} \frac{f(x)}{g(x)} = \frac{\displaystyle\lim_{x \to x_0} f(x)}{\displaystyle\lim_{x \to x_0} g(x)}$ 　　　（$g(x) \neq 0$, $\displaystyle\lim_{x \to x_0} g(x) \neq 0$）

＜MEMO2＞ 坊さんとロバの話

もともとないものを、「ある」ものと見なして処理するとうまくいく
逸話としては、有名な「**坊さんとロバ**」の話があります。

17 頭のロバ(貴重な財産です)を所有しているお父さんが 3 人の子供
に次の遺書を残して亡くなりました。

　　　長男　…17 頭のロバの 1/2 を与える

　　　次男　…17 頭のロバの 1/3 を与える

　　　三男　…17 頭のロバの 1/9 を与える

すると、長男は 8.5 頭、次男は 5.666…頭、三男は 1.888…頭となりま
す。ロバを殺してしまっては元も子もないので、小数点以下の部分をど
のようにするかで 3 人はもめていました。

このとき、1 頭のロバに乗ったお坊さんが現れ、3 人にこう告げまし
た。「諍いは止めなさい。私のロバをあなたたちにあげるから 18 頭に
して分け合いなさい」と。

すると、次のようになります。

　　　長男　…18 頭のロバの 1/2 だから 9 頭(＞8.5 頭)

　　　次男　…18 頭のロバの 1/3 だから 6 頭(＞5.666…頭)

　　　三男　…18 頭のロバの 1/9 だから 2 頭(＞1.888…頭)

分け与えられるロバは 3 人とも遺言より増えて、しかも、端数がない
ので大満足でした。……ところで、このとき 3 人に分け与えられたロバ
の総数は 9＋6＋2＝17 です。18－17＝1 ですから、坊さんは残り 1 頭の
ロバに乗って去っていったそうです。

2-13 合成関数の微分法

$y = f(u)$ が u について微分可能、$u = g(x)$ が x について微分可能であれば、合成関数 $y = f(g(x))$ は x について微分可能で $\dfrac{dy}{dx} = \dfrac{dy}{du}\dfrac{du}{dx}$ となる。これを**合成関数の微分法**という。

レッスン

$y = f(u)$ と $\frac{dy}{dx} = \frac{dy}{du}\frac{du}{dx}$ の合成関数 $y = f(g(x))$ を 3 次元のグラフで表わすと下図のようになります。つまり、この合成関数は x が決まれば①、②、③、④の流れによって y が決まり、$x + \Delta x$ が決まれば①′、②′、③′、④′の流れによって $y + \Delta y$ が決まります。

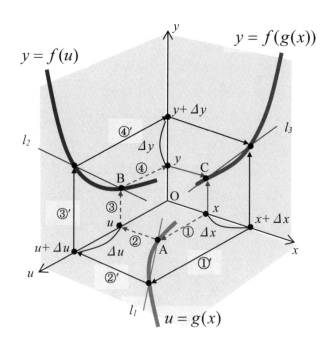

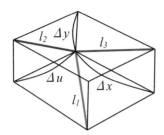

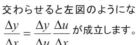

前ページの図の l_1, l_2, l_3 を1点で交わらせると左図のようになり、$\dfrac{\Delta y}{\Delta x} = \dfrac{\Delta y}{\Delta u} \dfrac{\Delta u}{\Delta x}$ が成立します。

$\Delta x{\to}0$ のとき $\Delta u{\to}0$ なので下の式が成立します。

$$\frac{\Delta y}{\Delta x} = \frac{\Delta y}{\Delta u} \frac{\Delta u}{\Delta x}$$

$\Delta x{\to}0$ のとき $\Delta u{\to}0$

$$\frac{dy}{dx} = \frac{dy}{du} \frac{du}{dx}$$

〔解説〕 $u = g(x)$ によって、x が決まれば u が決まります。すると、$y = f(u)$ によって y が決まります。これによって、x が Δx 変化すれば、u は Δu、y は Δy 変化し Δy、Δx と Δu は $\dfrac{\Delta y}{\Delta x} = \dfrac{\Delta y}{\Delta u} \dfrac{\Delta u}{\Delta x}$ を満たします。この式の極限として合成関数の導関数が導かれます。

ここで、少し気になることがあります。それは、$\dfrac{dy}{dx}$ は関数 $y = f(x)$ の導関数 $f'(x)$ を表わす記号であって分数式とは見なしませんでした（§2-11）。しかし、この合成関数の微分法からはこの記号が分数として

の性質を持っていることがわかります。

$$\frac{dy}{dx} = \frac{dy}{d\!\!\!/u} \frac{d\!\!\!/u}{dx}$$

このことについて、詳しくは§2-24 で調べてみることにします。

なお、$y = f(u)$ が u について、$u = g(v)$ が v について、$v = h(x)$ が x についてそれぞれ微分可能であれば、合成関数 $y = f(g(h(x)))$ は x について微分可能で　$\dfrac{dy}{dx} = \dfrac{dy}{du}\dfrac{du}{dv}\dfrac{dv}{dx}$　となります。

合成関数の微分法は、微分の計算をすごく楽にしてくれます。うまく活用したいものです。

〔例1〕　関数 $y = \{f(x)\}^n$ の導関数

$y = \{f(x)\}^n$ は $y = u^n$、$u = f(x)$ の合成関数と見なせます。よって、

$$\frac{dy}{dx} = \frac{dy}{du}\frac{du}{dx} = nu^{n-1}f'(x) = n\{f(x)\}^{n-1}f'(x)$$

となります。これを、例えば、$y = (3x+5)^7$ に応用してみると次のようになります。　$\dfrac{dy}{dx} = 7(3x+5)^6 \times 3 = 21(3x+5)^6$

〔例2〕　関数 $y = \sin(ax+b)$ の導関数

$y = \sin(ax+b)$ は $y = \sin u$、$u = ax+b$ の合成関数と見なせます。

よって、$\dfrac{dy}{dx} = \dfrac{dy}{du}\dfrac{du}{dx} = (\cos u)\cdot a = a\cos u = a\cos(ax+b)$ となります。

例えば、$y = \sin(3x+5)$ の場合は次のようになります。

$$\frac{dy}{dx} = 3\cos(3x+5)$$

（注）　三角関数の導関数については§2-17 参照。

2-14 逆関数の微分法

関数 $y = f(x)$ がある区間で微分可能で $f'(x) > 0$(または、$f'(x) < 0$)であるとする。このとき、その区間で逆関数 $x = g(y)$ が存在し、それは微分可能な関数で次の関係が成立する。

$$\frac{dx}{dy} = \frac{1}{\dfrac{dy}{dx}}$$

(注) $\dfrac{dy}{dx} = \dfrac{1}{\dfrac{dx}{dy}}$ と変形して使うこともある。

レッスン

関数 $y = f(x)$ の逆関数 $x = g(y)$ とありますが、これは $y = f(x)$ を x について解いた式で、これら 2 つのグラフは同じです(§1-8)。このとき、Δx と Δy について下図の吹き出しの関係があります。

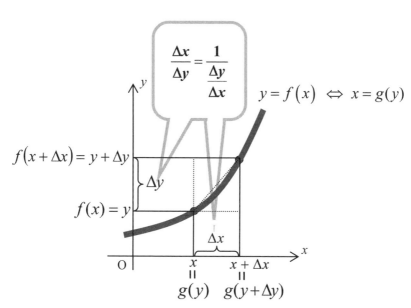

条件から $\Delta y \to 0$ のとき $\Delta x \to 0$ で、この逆も成立します。
したがって、次の流れで $\dfrac{dx}{dy} = \dfrac{1}{\dfrac{dy}{dx}}$ が導かれます。

$$\frac{\Delta x}{\Delta y} = \frac{1}{\dfrac{\Delta y}{\Delta x}} \quad \Longrightarrow \quad \lim_{\Delta y \to 0} \frac{\Delta x}{\Delta y} = \lim_{\Delta x \to 0} \frac{1}{\dfrac{\Delta y}{\Delta x}} \quad \Longrightarrow \quad \frac{dx}{dy} = \frac{1}{\dfrac{dy}{dx}}$$

〔解説〕　多くのテキストで「関数 $y = f(x)$ の逆関数は、これを x につ
いて解いて $x = g(y)$ とし、この x と y を交換した $y = g(x)$ である」と
書かれています（下図）。

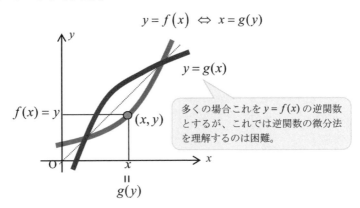

$$y = f(x) \iff x = g(y)$$

多くの場合これを $y = f(x)$ の逆関数
とするが、これでは逆関数の微分法
を理解するのは困難。

　しかし、この考えでは逆関数の微分法を理解するのは困難です。逆関
数の微分法における関数 $y = f(x)$ の逆関数は x と y を交換する前の
$x = g(y)$ であることに注意してください（§1-8）。したがって、

$y = f(x)$ と、この逆関数 $x = g(y)$ のグラフはまったく同じものです。

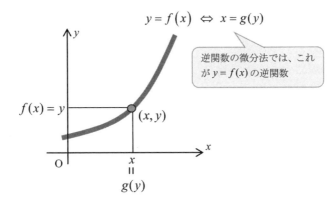

$$y = f(x) \Leftrightarrow x = g(y)$$

逆関数の微分法では、これが $y = f(x)$ の逆関数

このとき、逆関数の導関数の本質は2ページ前の図の $\dfrac{\Delta x}{\Delta y} = \dfrac{1}{\dfrac{\Delta y}{\Delta x}}$ なの

です。ここで、条件から関数 $y = f(x)$ は単調増加(または、単調減少)関数となり、逆関数が存在します。これも微分可能な関数となります。なお、$f'(x) > 0$ (または、$f'(x) < 0$)は関数が単調増加(または単調減少)を意味し($\S 3$-8)、逆関数の存在を保証しています。

〔例〕 関数 $y = \sqrt{x}\,(x \geqq 0)$ の逆関数は $x = y^2\,(y \geqq 0)$ であることより

$\dfrac{dy}{dx}$ を求めてみると次のようになります。

$$\frac{dy}{dx} = \frac{1}{\dfrac{dx}{dy}} = \frac{1}{2y} = \frac{1}{2\sqrt{x}}$$

(注)　もちろん、$\S 2$-16 を使って、$y = \sqrt{x} = x^{\frac{1}{2}}$ より $y' = \dfrac{1}{2}x^{\frac{1}{2}-1} = \dfrac{1}{2}x^{-\frac{1}{2}} = \dfrac{1}{2\sqrt{x}}$ と計算

してもよいのです。

2-15 x^m の導関数 （m は整数）

$$(x^m)' = mx^{m-1} \quad (m \text{ は整数}) \quad \cdots\cdots ① \quad \text{ただし、} m < 0 \text{ のとき } x \neq 0$$

レッスン

m が整数のとき $y = x^m$ や $y' = mx^{m-1}$ は整関数や分数関数になります。

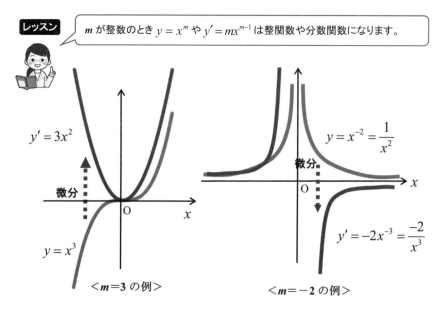

$y' = 3x^2$

微分

$y = x^3$

O

x

<m=3 の例>

$y = x^{-2} = \dfrac{1}{x^2}$

微分

O

x

$y' = -2x^{-3} = \dfrac{-2}{x^3}$

<m=−2 の例>

〔解説〕 $m > 0$ のとき、①は積の関数の微分法（§2-12）と数学的帰納法を併用することで簡単に導くことができます。また、下記の導関数の定義と二項定理を使った展開式からも簡単に導くことができます。

$$f'(x) = \lim_{\Delta x \to 0} \frac{f(x + \Delta x) - f(x)}{\Delta x} = \lim_{\Delta x \to 0} \frac{(x + \Delta x)^n - x^n}{\Delta x} \quad \cdots\cdots (\text{導関数の定義より})$$

$$(x + \Delta x)^n = x^n + {}_nC_1 x^{n-1}(\Delta x) + {}_nC_2 x^{n-2}(\Delta x)^2 + \cdots + {}_nC_{n-k} x^{n-k}(\Delta x)^k + \cdots + (\Delta x)^n$$

$m < 0$ のときは $n = -m$ とおいて分数関数の微分法（§2-12）を利用します。

〔例〕 $(x^8)' = 8x^7$、$(x^{-3})' = -3x^{-4}$

2-16 x^a の導関数 （a は実数）

$$(x^a)' = ax^{a-1} \qquad (x>0、a は実数) \qquad \cdots\cdots①$$

レッスン

指数 a を実数とした場合にも前節の整数の場合と同様、x^a の導関数は ax^{a-1} となります。しかし、任意の実数 a ということで $x>0$ となります。

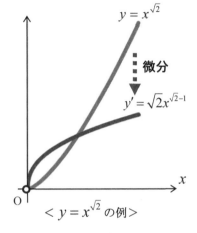

$y = x^{\sqrt{2}}$

微分

$y' = \sqrt{2}\,x^{\sqrt{2}-1}$

$< y = x^{\sqrt{2}}$ の例 $>$

〔**解説**〕　①において $x>0$ が必要な理由は、例えば、$a=1/2$ のとき、x^a は $\sqrt{x}$ を表わすことからわかります。

　指数 a が実数なので、①の成立理由を調べるには対数微分法（後述の §2-20）を利用します。

　$y=x^a$ の両辺の自然対数をとると　$\log_e y = a\log_e x$

　この式の両辺を x で微分すれば　$\dfrac{d}{dy}(\log_e y)\dfrac{dy}{dx} = a\dfrac{d}{dx}(\log_e x)$

　ゆえに　$\dfrac{1}{y}\dfrac{dy}{dx} = a\dfrac{1}{x}$　よって　$\dfrac{dy}{dx} = a\dfrac{y}{x} = a\dfrac{x^a}{x} = ax^{a-1}$

〔**例**〕　関数 $y = \sqrt[3]{x} = x^{\frac{1}{3}}$ のとき $y' = \dfrac{1}{3}x^{\frac{1}{3}-1} = \dfrac{1}{3}x^{-\frac{2}{3}} = \dfrac{1}{3\sqrt[3]{x^2}}$

2-17 三角関数の導関数

$$(\sin x)' = \cos x \qquad \cdots ①$$
$$(\cos x)' = -\sin x \qquad \cdots ②$$
$$(\tan x)' = \sec^2 x \qquad \cdots ③$$
$$(\cot x)' = -\cos ec^2 x \qquad \cdots ④$$
$$(\sec x)' = \sec x \tan x \qquad \cdots ⑤$$
$$(\cos ecx)' = -\cos ecx \cot x \qquad \cdots ⑥$$

レッスン

sin を微分すれば cos、cos を微分すれば −sin、
sin と cos は実に仲がいい。

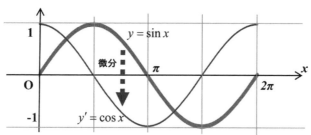

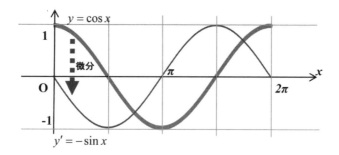

〔**解説**〕 三角関数の微分では前ページの①、②が最も基本となるので、その成立理由を簡単に紹介しておきましょう。その他③〜⑥は①、②と商の微分法や合成関数の微分法を使えば簡単に導くことができます。

$f(x) = \cos x$ とし、三角関数の和積公式（注）を利用すると

$$f'(x) = \lim_{\Delta x \to 0} \frac{f(x + \Delta x) - f(x)}{\Delta x} = \lim_{\Delta x \to 0} \frac{\cos(x + \Delta x) - \cos x}{\Delta x} = \lim_{\Delta x \to 0} \frac{-2 \sin\left(x + \frac{\Delta x}{2}\right) \sin \frac{\Delta x}{2}}{\Delta x}$$

$$= \lim_{\Delta x \to 0} -\sin\left(x + \frac{\Delta x}{2}\right) \frac{\sin \frac{\Delta x}{2}}{\frac{\Delta x}{2}} = -\sin x$$

$\theta = \dfrac{\Delta x}{2}$ とおくと、$\Delta x \to 0$ のとき $\theta \to 0$、また、$\displaystyle\lim_{\theta \to 0} \frac{\sin \theta}{\theta} = 1$ （§2-3）

よって $(\cos x)' = -\sin x$

$f(x) = \sin x$ とすると、上記と同様にして、

$$f'(x) = \lim_{\Delta x \to 0} \frac{f(x + \Delta x) - f(x)}{\Delta x} = \lim_{\Delta x \to 0} \frac{\sin(x + \Delta x) - \sin x}{\Delta x} = \lim_{\Delta x \to 0} \frac{2 \cos\left(x + \frac{\Delta x}{2}\right) \sin \frac{\Delta x}{2}}{\Delta x}$$

$$= \lim_{\Delta x \to 0} \cos\left(x + \frac{\Delta x}{2}\right) \frac{\sin \frac{\Delta x}{2}}{\frac{\Delta x}{2}} = \cos x$$

よって $(\sin x)' = \cos x$

（注） $\sin A - \sin B = 2 \cos \dfrac{A+B}{2} \sin \dfrac{A-B}{2}$、$\cos A - \cos B = -2 \sin \dfrac{A+B}{2} \sin \dfrac{A-B}{2}$

$\tan x = \dfrac{\sin x}{\cos x}$、$\cot x = \dfrac{1}{\tan x} = \dfrac{\cos x}{\sin x}$、$\sec x = \dfrac{1}{\cos x}$、$\cos ec x = \dfrac{1}{\sin x}$

〔**例**〕 関数 $y = f(x) = \sin^3(5x+3)$ の導関数を求めてみましょう。

$y = u^3, u = \sin v, v = 5x + 3$ とおくと、合成関数の微分法より、

$$\frac{dy}{dx} = \frac{dy}{du} \frac{du}{dv} \frac{dv}{dx} = 3u^2 (\cos v) 5 = 3\sin^2(5x+3)\{\cos(5x+3)\} \cdot 5 = 15 \sin^2(5x+3) \cos(5x+3)$$

2-18 逆三角関数の導関数

$$(\arcsin x)' = (\sin^{-1} x)' = \frac{1}{\sqrt{1-x^2}} \quad \cdots ①$$

$$(\arccos x)' = (\cos^{-1} x)' = -\frac{1}{\sqrt{1-x^2}} \quad \cdots ②$$

$$(\arctan x)' = (\tan^{-1} x)' = \frac{1}{1+x^2} \quad \cdots ③$$

レッスン

逆三角関数（グレーのグラフ）は三角関数の痕跡を残しています
が、その導関数（濃い実線のグラフ）はかなり変身します。

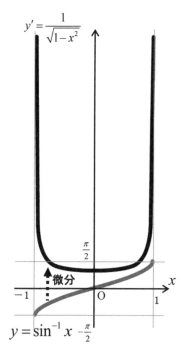

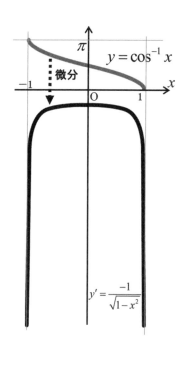

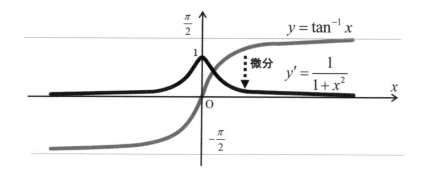

〔**解説**〕 逆三角関数とその主値については§1-18 を参照してください。ここでは①の成立理由を調べてみましょう。②、③も同様です。

$y = \sin^{-1} x$ は $x = \sin y$ と書けます。

$x = \sin y$ の両辺を y で微分すると $\dfrac{dx}{dy} = \cos y$

ここで、$-\dfrac{\pi}{2} \leqq y \leqq \dfrac{\pi}{2}$ （注：$y = \sin^{-1} x$ の主値） なので $\cos y \geqq 0$

ゆえに、$\cos y = \sqrt{1 - \sin^2 y} = \sqrt{1 - x^2}$

よって、逆関数の微分法より $\dfrac{dy}{dx} = \dfrac{1}{\dfrac{dx}{dy}} = \dfrac{1}{\cos y} = \dfrac{1}{\sqrt{1 - x^2}}$ となります。

〔**例**〕 関数 $y = f(x) = \sin^{-1} \dfrac{x}{a}$ $(a > 0)$ のとき、

$u = \dfrac{x}{a}$ とおくと $y = \sin^{-1} u$, $u = \dfrac{x}{a}$ より

$\dfrac{dy}{dx} = \dfrac{dy}{du} \dfrac{du}{dx} = \dfrac{1}{\sqrt{1 - u^2}} \dfrac{1}{a} = \dfrac{a}{\sqrt{a^2 - x^2}} \dfrac{1}{a} = \dfrac{1}{\sqrt{a^2 - x^2}}$

2-19 対数関数の導関数

$$(\log_a x)' = \frac{1}{x \log_e a} \quad \cdots ①$$

e はネイピアの数

$$(\log_e x)' = \frac{1}{x} \quad \cdots ② \qquad \left(\log_e f(x)\right)' = \frac{f'(x)}{f(x)} \quad \cdots ③$$

$$\left(\log_e |x|\right)' = \frac{1}{x} \quad \cdots ④ \qquad \left(\log_e |f(x)|\right)' = \frac{f'(x)}{f(x)} \quad \cdots ⑤$$

レッスン

対数関数 $\log_a x$ は微分すると分数関数 $\dfrac{c}{x}$ になります。c は定数 $\dfrac{1}{\log_e a}$

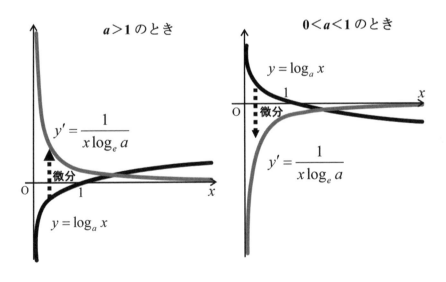

〔解説〕 まずは①の成立理由を示すと次のようになります。

$f(x) = \log_a x$ とすると、

$$f'(x) = \lim_{\Delta x \to 0} \frac{f(x + \Delta x) - f(x)}{\Delta x}$$

$$= \lim_{\Delta x \to 0} \frac{\log_a(x + \Delta x) - \log_a x}{\Delta x}$$

$$= \lim_{\Delta x \to 0} \frac{1}{\Delta x} \log_a \frac{x + \Delta x}{x}$$

$$= \lim_{\Delta x \to 0} \frac{1}{\Delta x} \log_a \left(1 + \frac{\Delta x}{x}\right)$$

$$= \lim_{\Delta x \to 0} \frac{1}{x} \frac{x}{\Delta x} \log_a \left(1 + \frac{\Delta x}{x}\right)$$

$$= \lim_{\Delta x \to 0} \frac{1}{x} \log_a \left(1 + \frac{\Delta x}{x}\right)^{\frac{x}{\Delta x}}$$

$$= \frac{1}{x} \lim_{h \to 0} \log_a (1 + h)^{\frac{1}{h}}$$

$$= \frac{1}{x} \log_a e = \frac{1}{x \log_e a}$$

$\log_a M - \log_a N = \log_a \frac{M}{N}$

$k \log_a M = \log_a M^k$

$\lim_{h \to 0}(1 + h)^{\frac{1}{h}} = e$ ただし、$h = \dfrac{\Delta x}{x}$

②は①より $(\log_e x)' = \dfrac{1}{x \log_e e} = \dfrac{1}{x}$

③は $u = f(x)$ とすると、$y = \log_e f(x)$ は $y = \log_e u$，$u = f(x)$

より $\dfrac{dy}{dx} = \dfrac{dy}{du} \dfrac{du}{dx} = \dfrac{1}{u} f'(x) = \dfrac{f'(x)}{f(x)}$

④、⑤は絶対値の中が正の場合と負の場合に分けて、①、②、③を用いて微分すればよいのです。

〔例〕 関数 $y = f(x) = \log_e(x^2 + 1)$ のとき $y' = f'(x) = \dfrac{(x^2 + 1)'}{x^2 + 1} = \dfrac{2x}{x^2 + 1}$

となります。

2-20 対数微分法

$y = f(x)$ …① から y' を求めるとき、①の両辺の対数をとり、$\log|y| = \log|f(x)|$ としてから両辺を x で微分して y' を求める方法を**対数微分法**という。

レッスン

> $y = f(x)$ を微分するのに、わざわざ関数 g を介在させ $g(y) = g(f(x))$ として両辺を微分する方法があります。

関数 g を
かぶせる

$$y = f(x)$$

x で微分

$$g(y) = g(f(x))$$

$$y' = f'(x)$$

両辺を x で微分

> 関数 g として log を採用したのが対数微分法ですね。

〔**解説**〕 関数 $y = f(x)$ があるとき、任意の関数 $g(x)$ に対して、

$$g(y) = g(f(x)) \quad \cdots ②$$

です。ただし、$y = f(x)$ の値は関数 $g(x)$ の定義域内の値とします。すると、

②の両辺を x で微分することにより $y=f(x)$ の導関数が簡単に求められることがあります。とくに $g(x)$ として**対数関数を利用すると対数の素敵な性質が使える**ので簡単に $y'=f'(x)$ を求められることがあります。

〔例〕　$y=(x+1)^2(x+2)^3$ …③ の導関数を求めてみましょう。

両辺の対数（底は e）をとると、

$$\log|y| = \log\left|(x+1)^2(x+2)^3\right| = 2\log|x+1| + 3\log|x+2|$$

両辺を x で微分すると　$\dfrac{d}{dx}\log|y| = \dfrac{d}{dy}\log|y|\dfrac{dy}{dx} = \dfrac{y'}{y}$ などより

$$\frac{y'}{y} = \frac{2}{x+1} + \frac{3}{x+2}　\text{ゆえに、}　y' = y\left(\frac{2}{x+1} + \frac{3}{x+2}\right) = (5x+7)(x+1)(x+2)^2$$

＜参考＞　$g(x)$ として $\sin x$ を利用してみよう

参考までに、対数関数 log を利用する代わりに、他の関数、例えば sin を用いて $y=(x+1)^2(x+2)^3$ …③ の導関数を求めてみましょう。

③より　$\sin y = \sin\left((x+1)^2(x+2)^3\right)$

この両辺を x で微分してみます。すると、

$$(\cos y)\frac{dy}{dx} = \left(\cos(x+1)^2(x+2)^3\right)\frac{d}{dx}(x+1)^2(x+2)^3　\text{より、}$$

$\dfrac{dy}{dx} = \dfrac{d}{dx}(x+1)^2(x+2)^3$ となり振り出しに戻ってしまい、わざわざ $\sin x$ を利用したメリットが見当たりません。

2-21 指数関数の導関数

$$(a^x)' = a^x \log_e a \quad \cdots ① \qquad (e^x)' = e^x \quad \cdots ②$$

e はネイピアの数

レッスン

指数関数は微分しても指数関数です。

$y' = a^x \log_e a$　微分

$a > 1$ のとき

$y = a^x$

$y = a^x$

微分

$0 < a < 1$ のとき

$y' = a^x \log_e a$

〔**解説**〕 ②は①の特殊の場合なので①の成立理由を調べてみましょう。

$y = a^x$ を log で表現すると　$x = \log_a y$　となります。

両辺を y で微分すると、$\dfrac{dx}{dy} = \dfrac{1}{y \log_e a}$　　　……§2-19 の①

ゆえに　$\dfrac{dy}{dx} = \dfrac{1}{\dfrac{dx}{dy}} = \dfrac{1}{\dfrac{1}{y \log_e a}} = y \log_e a = a^x \log_e a$

〔**例**〕　関数 $y = 3^x$ のとき $y' = 3^x \log_e 3$

＜MEMO＞　微分・積分の歴史

　本書では、微分を最初に掲載しましたが、歴史的には、積分のほうが古く、古代ギリシャのアルキメデス（BC287?〜BC212）の「取り尽くし法」にまで遡ることができます。つまり、図形の面積や体積を求めるのに、図形を無限に細かく分割し、それらを足しあわせる方法を採用しました。

右図は放物線 AOB の内側を三角形で取り尽くして放物線の面積を求めるアルキメデスのアイデアです。

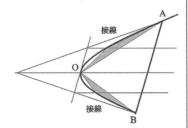

　この積分に対して、微分が考え出されたのは 17 世紀以降で、ニュートンやフェルマー、ライプニッツの時代からです。ただし、その前に、微分の考え方のお膳立ては整っていました。それは、16 世紀から 17 世紀にかけてのヨーロッパで始まった砲弾の軌道の研究で、これは国家の覇権を争い、その存亡をかけた研究テーマでした。

　この問題に対して、16 世紀のイタリアの科学者ガリレオ・ガリレイ（1564〜1642）の砲弾の軌道の水平方向、垂直方向への解析方法、フランスの数学者ルネ・デカルトらによる図形の性質を座標を使って計算で処理する解析幾何学の考え方がありました。このような準備の上にニュートンや、フェルマー、ライプニッツらによって微分学が開花していきました。

　このように、微分と積分は異なる発展を遂げたわけですが、それらを結びつけたのが「**微分積分学の基本定理**」（後述§4-9)なのです。

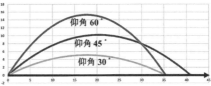

2-22 媒介変数表示された関数の導関数

$x = g(t), y = f(t)$ が t で微分可能で $x = g(t)$ が逆関数
$t = g^{-1}(x)$ をもち、$t = g^{-1}(x)$ が x で微分可能であるとする。

このとき $\dfrac{dx}{dt} \neq 0$ ならば $\dfrac{dy}{dx} = \dfrac{\dfrac{dy}{dt}}{\dfrac{dx}{dt}} = \dfrac{f'(t)}{g'(t)}$ …①

レッスン

①は合成関数の微分法（§2-13）と逆関数の微分法（§2-14）をコラボさせれば導かれます。

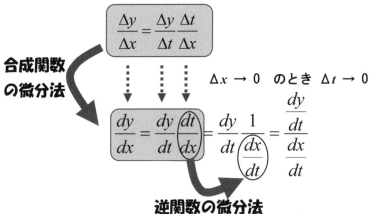

合成関数
の微分法

$$\frac{\Delta y}{\Delta x} = \frac{\Delta y}{\Delta t}\frac{\Delta t}{\Delta x}$$

$\Delta x \to 0$ のとき $\Delta t \to 0$

$$\frac{dy}{dx} = \frac{dy}{dt}\frac{dt}{dx} = \frac{dy}{dt}\frac{1}{\dfrac{dx}{dt}} = \frac{\dfrac{dy}{dt}}{\dfrac{dx}{dt}}$$

逆関数の微分法

〔解説〕 $y = f(t)$ が t について微分可能であって、$t = g^{-1}(x)$ が x について微分可能であれば、合成関数 $y = f(g^{-1}(x))$ は x について微分可能

100

であり、$\dfrac{dy}{dx} = \dfrac{dy}{dt}\dfrac{dt}{dx}$ となります。これと、$\dfrac{dt}{dx} = \dfrac{1}{\dfrac{dx}{dt}}$ を利用します。すると①が導かれます。

〔例〕　$x = g(t) = t^2 , y = f(t) = t^3 \ (t > 0)$ のとき $\dfrac{dy}{dx} = \dfrac{3t^2}{2t} = \dfrac{3}{2}t$

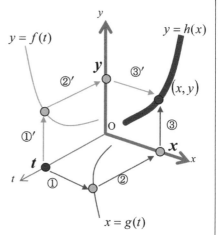

┌─ **＜MEMO＞　パラメータ（媒介変数、助変数）** ─────────

$x = g(t) , y = f(t) , t \in I$ があるとき、t が決まれば x と y がそれぞれ決まります。したがって、t を媒介にして x と y の関係が定まることになります。

　このことを説明したのが右図です。つまり、t が決まれば $x = g(t)$ によって①、②、③と辿って x が決まります。また、この同じ t に対して $y = f(t)$ によって①′、②′、③′と辿って y が決まります。したがって t を仲立ち（媒介）として (x, y) が決まることになります。そこで、この変数 t を**パラメータ（媒介変数、助変数）**といいます。

　なお、もし、関数 $x = g(t)$ の逆関数 $t = g^{-1}(x)$ が存在すれば、x の値に対して $t = g^{-1}(x)$ から t が決まり、この t に対して $y = f(t)$ により $y = f\left(g^{-1}(x)\right)$ なる y が決まります。すなわち、y は x の関数と考えられます。

（注）　上記の意味の他にパラメータという用語は各分野でそれぞれの意味で使われています。

2-23 陰関数の導関数

陰関数 $f(x, y) = 0$ が与えられたとき、y を x の関数とみなして合成関数の微分法を使って $\dfrac{dy}{dx}$ を求めることができる。

レッスン

x が決まれば $f(x, y) = 0$ は y についての方程式となり、これを解けば y は x で表現されます。つまり y は x の関数と見なせます。

$$f(x, y) = 0$$

**y を x の関数とみなして
両辺を x で微分!!**

$$\frac{dy}{dx} = g(x, y)$$

〔解説〕　陰関数 $f(x, y) = 0$ の両辺を x で微分する際、y が x の関数であることを前提にして合成関数の微分法を使うことにします。つまり、

y を使った式 $h(y)$ に対しては $\dfrac{d}{dx}h(y) = \dfrac{d}{dy}h(y)\dfrac{dy}{dx}$ と計算します。

〔例〕　陰関数 $x^2 + y^2 - 1 = 0$ に対し、y は x の関数であるとみなして両辺を x で微分します。つまり、

$$\frac{d}{dx}x^2 + \frac{d}{dx}y^2 - \frac{d}{dx}1 = \frac{d}{dx}0 \quad \text{より} \quad 2x + \frac{d}{dy}y^2\frac{dy}{dx} = 0$$

ゆえに　$2x + 2y\dfrac{dy}{dx} = 0$　よって、$y \neq 0$　であれば　$\dfrac{dy}{dx} = -\dfrac{x}{y}$

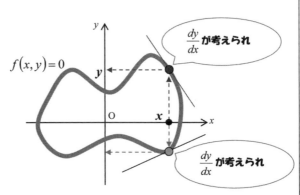

─── <MEMO>　陰関数とは ───

　変数 x と y を含む 1 つの関係式 $f(x, y) = 0$ において、変数 x に対応した変数 y の値を定めることができれば、y を x の関数とみることができます。ただし、$f(x, y) = 0$ の場合、1 つの x に対して複数の y が存在する可能性があります（下図）。そのときは 1 つの x に対し複数の y のどれか 1 つを対応させることよって、

　　$f(x, y) = 0$

を関数とみなすことにします。このとき

　　$f(x, y) = 0$

の形で与えられる関数を**陰関数**といいます。なお、陰関数 $f(x, y) = 0$ に対して $y = f(x)$ によって定められた関数を**陽関数**といいます。

〔例〕　x と y を含む 1 つの関係式 $x^2 + y^2 - 1 = 0$ より、関数 $y = \pm\sqrt{1-x^2}$ が考えられます。ここで、$y > 0$ であれば $y = \sqrt{1-x^2}$ となります。

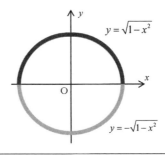

第2章　微分の基本

103

2-24　dy、dx、Δx、Δy の関係

微分可能な関数 $y = f(x)$ のグラフ上の点 $\mathrm{P}(x, f(x))$ における接線 l 上において、接点 P からの x の微小な変化を dx で表わし、**x の微分**という。また、このときの接線 l 上での y の変化を dy で表わし、これを x における **$y = f(x)$ の微分**という。このとき、$dy = f'(x)dx$ が成立する。

レッスン

> 微分 dy, dx は接線上での x と y の微小な変化量を表わし、その比の値 dy/dx は $f'(x)$ に等しい。つまり、$dy/dx = f'(x)$ よって　$dy = f'(x)dx$ このように解釈すると微分・積分の勉強はすごくラクになります。

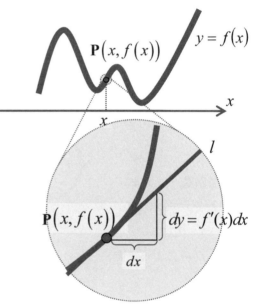

〔**解説**〕　$\dfrac{dy}{dx}$ は関数 $y = f(x)$ の導関数 $f'(x)$ を表わす記号であって、分数式とは見なしませんでした（§2-11）。しかし、微分・積分の計算ではこれを分数と見なした次の式変形が頻繁に行なわれます。

$$\frac{dy}{dx} = f'(x) \ \ \text{より} \ \ dy = f'(x)dx \ \ \cdots①$$

〔例〕　$y = x^2$ のとき、$\dfrac{dy}{dx} = 2x$　より　$dy = 2x\,dx$

そこで、ここでは、①の変形が許される理由を冒頭で紹介した「**微分**」（*differential*）という概念で見てみることにします。

微分 dy と dx は各々接線上での変化量で、その比 $dy : dx$ の値 dy/dx は接線の傾き $f'(x)$ に等しくなるので次の分数式が成立します。

$dy/dx = f'(x)$　……②

（注 1）　②から $x = a$ のときの $f'(a)$ は dy/dx の商、つまり、**微分商**と呼ばれます。

②を変形すると　$dy = f'(x)\,dx$　…③　という関係が成立します。

つまり、導関数 $\dfrac{dy}{dx} = f'(x)$ を関数 $y = f(x)$ の x における「微分」の概念で表わすと、$dy = f'(x)\,dx$　になるのです。

（注 2）　③から $x = a$ のときの $f'(a)$ は微分 dx の係数なので**微分係数**と呼ばれます。

増分 $\varDelta x$、$\varDelta y$ は関数 $y = f(x)$ のグラフ上の変化を表わしましたが、微分 dx、dy は接線 l 上の変化を表わします。x は独立変数なので、$dx = \varDelta x$ とすると、dy、dx、$\varDelta x$、$\varDelta y$ の関係は右図のようになります。従属変数である y については、一般に $dy \neq \varDelta y$ となります。

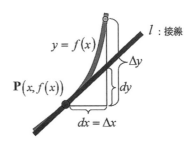

「微分」という考え方は、基本的には、十分小さい量であることを前提にしています。このとき、関数 $y = f(x)$ の点 P $(x, f(x))$ において、dx を十分小さくしたときの y の変化は $dy = f'(x)\,dx$ と見なせるということです。

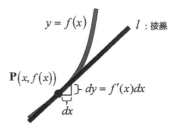

<MEMO>　無限小

　u が x の関数で、「$x \to a$ のとき $u \to 0$」ならば、$x \to a$ のとき、u は**無限小**であるといいます。

　無限小の考え方は微分・積分を理解する上で大事です。例えば、関数 $u = x$, $u = x^2$, $u = \sin x$ はいずれも $\lim_{x \to 0} u = 0$ となるので $x \to 0$ のとき x, x^2, $\sin x$ は無限小です。また、例えば、$u = \cos x$、$u = 1 - \sin x$ はいずれも $\lim_{x \to \frac{\pi}{2}} u = 0$ となるので、$x \to \frac{\pi}{2}$ のとき $\cos x, 1 - \sin x$ は無限小です。

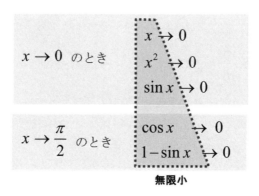

無限小

　<u>無限小というのは関数が 0 に近づく**状態**を表わすものであって、それは数ではありません。</u>このことは無限大(∞)の場合と同じです。

● **高位の無限小、同位の無限小、第 n 位の無限小**

　無限小には高位の無限小、同位の無限小、第 n 位の無限小という捉え方があります。これらの用語の意味を説明しておきましょう。ただし、u、v は x の関数とします。

(1)　**高位の無限小**

　$\lim_{x \to a} \dfrac{u}{v} = 0$ のとき u は v より高位の無限小であるという。これは u が

v より 0 に収束する度合いが強いということです。

　なお、v を基準にとれば、$x \rightarrow a$ のとき v より高位の無限小を記号 $o(\ )$ を用いて $o(v)$ と書きます。この o は**ランダウのオー**と呼びます。

　$x \rightarrow a$ のとき u が v より高位の無限小であれば、$x \rightarrow a$ のとき、v に比べたら u は無視してかまわないということです。

(2)　同位の無限小

$$\lim_{x \to a} \frac{u}{v} = k \quad (k \text{ は 0 でない定数}) \text{ のとき、} u \text{ と } v \text{ は同位の無限小である}$$

といいます。これは u と v が 0 に収束する度合いが同等であるということです。

(3)　第 n 位の無限小

$$\lim_{x \to a} \frac{u}{v^n} = k \quad (k \text{ は 0 でない定数}) \text{ のとき、} u \text{ は } v \text{ に対して第 } n \text{ 位の無}$$

限小であるといいます。これは u が v よりも n 倍の度合いで 0 に収束するということです。

(注)　u が v より高位の無限小であれば、$u+v$ と v は同位の無限小です。なぜならば

$\dfrac{u}{v} \rightarrow 0$ より $\dfrac{u+v}{v} = \dfrac{u}{v} + 1 \rightarrow 0 + 1 = 1$　となるからです。

〔例〕

(1)　$x \rightarrow 0$ のとき x に対して $x, x^2, \sqrt{x}$ はそれぞれ第 1 位、第 2 位、第 $\dfrac{1}{2}$ 位の無限小です。

(2)　$\displaystyle\lim_{x \to 0} \frac{\sin x}{x} = 1$　より $\sin x$ と x は同位の無限小です。

● 導関数と無限小

$y = f(x)$ が微分可能な区間では x の増分 Δx に対する y の増分を Δy とすると $y = f(x)$ の導関数 $f'(x)$ を

$$\lim_{\Delta x \to 0} \frac{\Delta y}{\Delta x} = f'(x) \quad \cdots ①$$

と定義しました（§2-11）。したがって、①は変数 ε を用いて

$$\frac{\Delta y}{\Delta x} = f'(x) + \varepsilon \quad \cdots ② \qquad ただし、\lim_{\Delta x \to 0} \varepsilon = 0$$

と書くことができます。

　すると、②より $\Delta y = f'(x)\Delta x + \varepsilon \Delta x$ と書けます。$f'(x) \neq 0$ のとき $\displaystyle \lim_{\Delta x \to 0} \frac{\varepsilon \Delta x}{f'(x)\Delta x} = \lim_{\Delta x \to 0} \frac{\varepsilon}{f'(x)} = 0$ が成立します。つまり、$\varepsilon \Delta x$ は $f'(x)\Delta x$ より高位の無限小であることがわかります。

　これは、Δx が十分小さいとき、Δy は Δx にほぼ比例することを意味します。

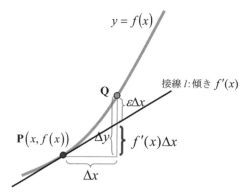

（注）　$f'(x)\Delta x$ を $y = f(x)$ の x における**微分**といい、これを dy と書くことがあります。

第3章 微分の応用

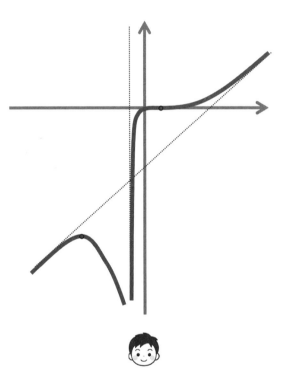

微分して得られる導関数によって、もとの関数についてのいろいろな情報をゲットできます。

3-1 高次導関数

関数 $f(x)$ を2回微分して得られる関数を「第2次導関数」といい、$f''(x)$、y''、$\dfrac{d^2y}{dx^2}$、$\dfrac{d^2}{dx^2}f(x)$ などと書く。同様に、関数 $f(x)$ を n 回微分して得られる関数を**第 n 次導関数**といい、$\dfrac{d^ny}{dx^n}$、$f^{(n)}(x)$、$\dfrac{d^nf(x)}{dx^n}$、$\dfrac{d^n}{dx^n}f(x)$ などと書く。なお、$n \geq 2$ のとき高次導関数という。

レッスン

右図は関数
$y = f(x) = x^4$
を次々に微分して得られた関数をグラフ化したものです。

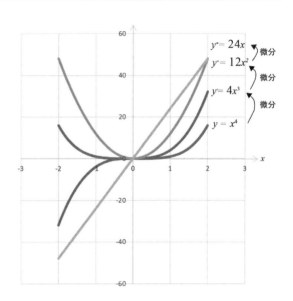

〔**解説**〕 関数 $f(x)$ の導関数 $f'(x)$ は次の計算で得られます。

$$f'(x) = \frac{dy}{dx} = \lim_{\Delta x \to 0} \frac{\Delta y}{\Delta x} = \lim_{\Delta x \to 0} \frac{f(x+\Delta x) - f(x)}{\Delta x}$$

この関数 $f'(x)$ を $f(x)$ の導関数の定義式に再度代入したものが存在すれば、$f'(x)$ の導関数が得られます。これを $f(x)$ の**第2次導関数**といい、

$f''(x)$ と書きます。つまり、 $f''(x) = \dfrac{d^2y}{dx^2} = \displaystyle\lim_{\Delta x \to 0}\dfrac{f'(x+\Delta x)-f'(x)}{\Delta x}$

また、このとき、関数 $f(x)$ は**2回微分可能**であるといいます。第2次

導関数は記号 $f''(x)$ の他に y''、$\dfrac{d^2y}{dx^2}$、$\dfrac{d^2}{dx^2}f(x)$ などとも書きます。

同様に、第3次、第4次・・・の導関数を考えることができます。なお、
第2次以上の導関数を**高次導関数**といいます。

(注) n 次導関数は $n-1$ 次導関数の変化率を表わしています。

ここで1つ注意したいことがあります。それは、「**もとの関数が微分可能でも、その導関数が微分可能とは限らない**」ということです。例をあげ

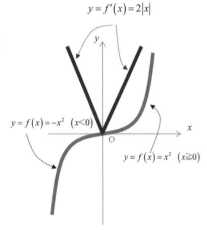

ましょう。 $\quad f(x) = \begin{cases} x^2 & (x \geqq 0) \\ -x^2 & (x < 0) \end{cases}$

この関数 $f(x)$ は実数全体でなめ
らかで微分可能であり、その導関数
は次のようになります。

$$f'(x) = \begin{cases} 2x & (x \geqq 0) \\ -2x & (x < 0) \end{cases}$$

しかし、この関数 $f'(x)$ はグラフ
（濃い実線）からわかるように $x=0$
で尖っていてそこで微分することはできません。

┌─ **＜MEMO＞ 高次導関数の記号の英語の読み方** ─────────

$f''(x)$ ・・・・ *f double prime of x* $\qquad$ $f'''(x)$ ・・・・ *f triple prime of x*

$f^{(n)}(x)$ ・・・・ *f n prime of x* $\qquad$ $\dfrac{d^n f(x)}{dx^n}$ ・・・・ *d to the n f of x d x to the n*

3-2 関数の和と積の高次導関数

関数 $f(x)$ と $g(x)$ が n 回微分可能であれば次のことが成り立つ。

(1) $(f+g)^{(n)} = f^{(n)} + g^{(n)}$

(2) $(f\,g)^{(n)} = {}_nC_0 f^{(n)} g^{(0)} + {}_nC_1 f^{(n-1)} g^{(1)} + {}_nC_2 f^{(n-2)} g^{(2)} + \cdots$
$+ {}_nC_r f^{(n-r)} g^{(r)} + \cdots + {}_nC_{n-1} f^{(1)} g^{(n-1)} + {}_nC_n f^{(0)} g^{(n)}$

ただし、${}_nC_r = \dfrac{n!}{r!(n-r)!}$、右肩表示の(　)内は微分の回数

レッスン

上記の高次導関数の公式は数学的帰納法で導き出されます。

$n=1$ のとき (1)、(2) が成立
$(f+g)' = f' + g'$、$(fg)' = f'g + f\,g'$

(1)、(2) が $n=k$ のとき成り立つとして
(1)、(2) が $n=k+1$ のとき成り立つことを示す。

(1)、(2) が任意の n で成立

(2)の公式は下記の二項定理と似ていますね。

$$(a+b)^n = {}_nC_0 a^n b^0 + {}_nC_1 a^{n-1} b + {}_nC_2 a^{n-2} b^2 + \cdots$$
$$+ {}_nC_r a^{n-r} b^r + \cdots + {}_nC_n a^0 b^n$$

〔解説〕 (1)、(2)の成立は**数学的帰納法**で示すことができます。

(1)については $n=k$ のときの $(f+g)^{(k)}=f^{(k)}+g^{(k)}$ の成立を仮定して

$$(f+g)^{(k+1)}=\left\{(f+g)^{(k)}\right\}'=\left\{f^{(k)}+g^{(k)}\right\}'=\left(f^{(k)}\right)'+\left(g^{(k)}\right)'=f^{(k+1)}+g^{(k+1)}$$

より、$n=k+1$ のときの成立を示します。

(2)については、$n=k$ のときの

$$(f\,g)^{(k)}={}_kC_0f^{(k)}g^{(0)}+{}_kC_1f^{(k-1)}g^{(1)}+{}_kC_2f^{(k-2)}g^{(2)}+\cdots$$
$$+{}_kC_rf^{(k-r)}g^{(r)}+\cdots+{}_kC_{k-1}f^{(1)}g^{(k-1)}+{}_kC_kf^{(0)}g^{(k)}$$

の成立を仮定して

$$(f\,g)^{(k+1)}=\left\{(f\,g)^{(k)}\right\}'=\left\{\begin{array}{l}{}_kC_0f^{(k)}g^{(0)}+{}_kC_1f^{(k-1)}g^{(1)}+{}_kC_2f^{(k-2)}g^{(2)}+\cdots\\+{}_kC_rf^{(k-r)})g^{(r)}+\cdots+{}_kC^{k-1}f^{(1)}g^{(k-1)}+{}_kC_kf^{(0)}g^{(k)}\end{array}\right\}'$$
$$=\cdots\cdots$$
$$={}_{k+1}C_0f^{(k+1)}g^{(0)}+{}_{k+1}C_1f^{(k)}g^{(1)}+{}_{k+1}C_2f^{(k-1)}g^{(2)}+\cdots$$
$$+{}_{k+1}C_rf^{(k+1-r)}g^{(r)}+\cdots+{}_{k+1}C_kf^{(1)}g^{(k)}+{}_{k+1}C_{k+1}f^{(0)}g^{(k+1)}$$

を導き、$n=k+1$ のときの成立を示します。ただし上式の「……」での計算は {} 内を項別に微分し、$(fg)'=f'g+f\,g'$ と ${}_kC_{r-1}+{}_kC_r={}_{k+1}C_r$ を使って式を変形するので、かなり煩雑な計算になります。

〔例〕 関数 $f(x)g(x)$ を 3 回微分した関数は次のようになります。

$$(f\,g)'''=(f\,g)^{(3)}={}_3C_0f^{(3)}g^{(0)}+{}_3C_1f^{(2)}g^{(1)}+{}_3C_2f^{(1)}g^{(2)}+{}_3C_3f^{(0)}g^{(3)}$$
$$={}_3C_0f'''g+{}_3C_1f''g'+{}_3C_2f'g''+{}_3C_3fg'''$$
$$=f'''g+3f''g'+3f'g''+fg'''$$

┌─ **＜MEMO＞ 複数の関数の積の微分** ──────────

関数の積に関する次の公式もよく使われます。覚えておきましょう。

$$(f_1f_2f_3\cdots f_n)'=f_1'f_2f_3\cdots f_n+f_1f_2'f_3\cdots f_n$$
$$+f_1f_2f_3'\cdots f_n+\cdots\cdots+f_1f_2f_3\cdots f_n'$$

└──────────────────────────────

3-3 接線・法線の方程式

微分可能な関数 $y = f(x)$ のグラフ上の点 $\mathrm{P}(a, b)$ における、

接線の方程式は　　$y - b = f'(a)(x - a)$　　…①

法線の方程式は　　$y - b = -\dfrac{1}{f'(a)}(x - a)$　　…②

ただし、②においては $f'(a) \neq 0$

レッスン

$f(x)$ が $x = a$ で微分可能なので、$y = f(x)$ のグラフはそこで無限に拡大すると傾き $f'(a)$ の直線と見なせます。

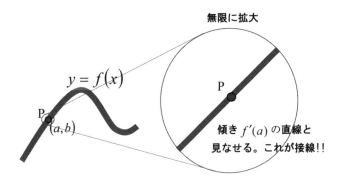

無限に拡大

$y = f(x)$

P (a, b)

P

傾き $f'(a)$ の直線と見なせる。これが接線!!

法線とは接点を通り接線に垂直な直線のことだから、その傾きは微分係数 $f'(a)$ の逆数を -1 倍した $-\dfrac{1}{f'(a)}$ ですね。

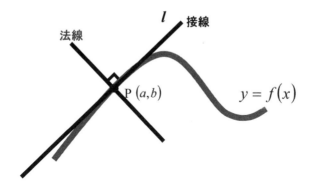

〔**解説**〕　点 $\mathrm{P}(a,b)$ で直線を通り、傾き m の直線の方程式は

$$y - b = m(x - a) \quad \cdots ③$$

と書けます。関数 $y = f(x)$ のグラフ上の点 $\mathrm{P}(a,b)$ における接線の傾き m は微分係数 $f'(a)$ なので、接線の方程式は①となります。また、グラフ上の点 P における法線は、点 P を通り、P におけるこの曲線の接線に垂直な直線のことです。したがって、法線の傾きと接線の傾きを掛け合わせると -1 になります。このことから、法線の傾きは $\dfrac{-1}{f'(a)}$ となります。

これを③に代入すると②を得ます。

（注）　垂直に交わる２つの直線の傾きを m_1, m_2 とするとき、$m_1 m_2 = -1$ です。

〔**例**〕　関数 $y = x^2$ のグラフ上の点 $(1,1)$ における接線と法線の方程式を求めてみましょう。

$f'(x) = 2x$ より $f'(1) = 2$　　よって、

接線は $y - 1 = f'(1)(x - 1)$ より $y - 1 = 2(x - 1)$ ゆえに $y = 2x - 1$

法線は $y - 1 = -\dfrac{1}{f'(1)}(x - 1)$ より $y - 1 = -\dfrac{1}{2}(x - 1)$ ゆえに $y = -\dfrac{1}{2}x + \dfrac{3}{2}$

3-4 ロルの定理

$f(x)$ が区間 $[a, b]$ で連続、区間 (a, b) で微分可能、$f(a) = f(b)$ ならば $f'(c) = 0$, $a < c < b$ を満たす c が存在する。

レッスン

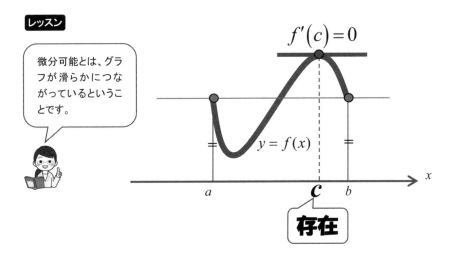

微分可能とは、グラフが滑らかにつながっているということです。

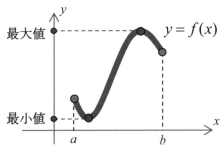

〔解説〕 **ロルの定理**は $f'(c) = 0$ （つまり、接線の傾き 0）を満たす c が少なくとも 1 つ存在する、ということです。上図では 2 つ存在しています。なお、この定理を証明するには次の定理を使います。

〔**最大値・最小値の存在定理**〕

関数 $f(x)$ が区間 $[a, b]$ で連続ならば $f(x)$ は $[a, b]$ で最大値と最小値をとる。

（注） この定理は自明に思えますが、証明は簡単ではありません。

3-5 平均値の定理

関数 $f(x)$ が区間 $[a, b]$ で連続、区間 (a, b) で微分可能ならば

$$f'(c) = \frac{f(b) - f(a)}{b - a} , \ a < c < b \ を満たす c が存在する。$$

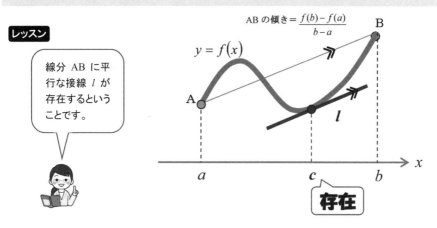

レッスン

線分 AB に平行な接線 l が存在するということです。

AB の傾き $= \frac{f(b) - f(a)}{b - a}$

$y = f(x)$

A

B

l

a　c　b　x

存在

〔**解説**〕　関数 $f(x)$ に対して下記の関数 $g(x)$ を考え、$g(x)$ に前節のロルの定理を適用すると「**平均値の定理**」を導くことができます。

$$g(x) = f(x) - \left\{ \frac{f(b) - f(a)}{b - a} (x - a) \right\}$$

$y = f(x)$

$g(x) = f(x) - \left\{ \frac{f(b) - f(a)}{b - a} (x - a) \right\}$

a　c　b　x

3-6 コーシーの平均値の定理

関数 $f(x), g(x)$ が $[a, b]$ で連続、(a, b) で微分可能、(a,b) で $g'(x) \neq 0$

ならば $\dfrac{f(b)-f(a)}{g(b)-g(a)} = \dfrac{f'(c)}{g'(c)}$ ，$a < c < b$ を満たす c が存在する。

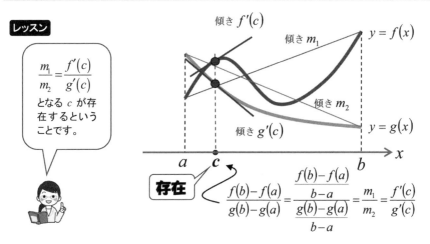

レッスン

$\dfrac{m_1}{m_2} = \dfrac{f'(c)}{g'(c)}$ となる c が存在するということです。

傾き $f'(c)$

傾き m_1

$y = f(x)$

傾き m_2

傾き $g'(c)$

$y = g(x)$

存在

$\dfrac{f(b)-f(a)}{g(b)-g(a)} = \dfrac{\dfrac{f(b)-f(a)}{b-a}}{\dfrac{g(b)-g(a)}{b-a}} = \dfrac{m_1}{m_2} = \dfrac{f'(c)}{g'(c)}$

〔**解説**〕　上図は関数 $f(x), g(x)$ に対して、c の存在を示すイメージです。直線の傾き m_1 と m_2 に対し、その比 m_1/m_2 が $f(x), g(x)$ の接線の傾きの比 $f'(c)/g'(c)$ に等しくなる点 c が存在することを意味します。これを**コーシーの平均値の定理**といいます。証明は $f(x), g(x)$ をもとに関数

$$h(x) = f(x) - f(a) - \frac{f(b)-f(a)}{g(b)-g(a)}(g(x)-g(a))$$ を作成し、この $h(x)$ にロルの

定理をあてはめます。

(注)　m_1 と m_2 の比と $f'(c)$ と $g'(c)$ の比が等しいだけで、つまり、$f'(c) : g'(c) = m_1 : m_2$ というだけで、必ずしも、$m_1 = f'(c)$, $m_2 = g'(c)$ というわけではありません。

3-7 ロピタルの定理

2つの関数 $f(x), g(x)$ がともに a も含め a の近くで連続、かつ、a の近くの点 x で微分可能であり、$g'(x) \neq 0$ とする。このとき、

$$f(a) = g(a) = 0 \text{ で } \lim_{x \to a} \frac{f'(x)}{g'(x)} \text{ が存在すれば } \lim_{x \to a} \frac{f(x)}{g(x)} = \lim_{x \to a} \frac{f'(x)}{g'(x)} \cdots ①$$

レッスン

ロピタルの定理の成り立ちは「コーシーの平均値の定理」(§3-6)によります。

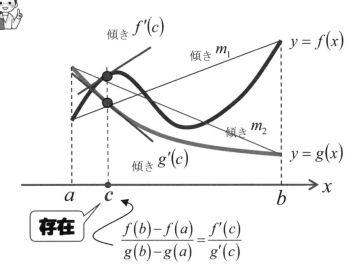

傾き $f'(c)$

傾き m_1

$y = f(x)$

傾き m_2

傾き $g'(c)$

$y = g(x)$

a c b x

存在

$$\frac{f(b) - f(a)}{g(b) - g(a)} = \frac{f'(c)}{g'(c)}$$

上図の式で $f(a) = g(a) = 0$ のときは $\dfrac{f(b)}{g(b)} = \dfrac{f'(c)}{g'(c)}$

となって①式のようなものが見えてきます。

実際にロピタルの定理の条件 $f(a) = g(a) = 0$ を加味してコーシーの平均値の定理を図示すると、下図のようになります。

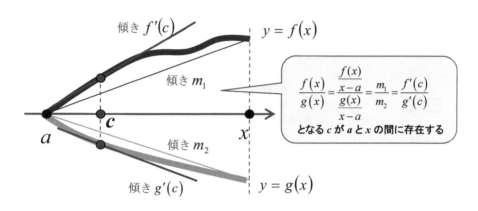

傾き $f'(c)$

$y = f(x)$

傾き m_1

$$\frac{f(x)}{g(x)} = \frac{\frac{f(x)}{x-a}}{\frac{g(x)}{x-a}} = \frac{m_1}{m_2} = \frac{f'(c)}{g'(c)}$$

となる c が a と x の間に存在する

a c x

傾き m_2

傾き $g'(c)$

$y = g(x)$

〔解説〕 $\dfrac{f(x) - f(a)}{g(x) - g(a)} = \dfrac{f'(c)}{g'(c)}$, $a < c < x$ を満たす c が存在するとい

う定理があります（§3-6 コーシーの平均値の定理）。この定理と、

$f(a) = g(a) = 0$ より $\dfrac{f(x)}{g(x)} = \dfrac{f'(c)}{g'(c)}$ となる c が $a < c < x$ に存在する

ことになります。また $x \to a$ のとき $c \to a$ です。

よって $\displaystyle\lim_{x \to a} \frac{f(x)}{g(x)} = \lim_{c \to a} \frac{f'(c)}{g'(c)} = \lim_{x \to a} \frac{f'(x)}{g'(x)}$ が成立します。

c を x に書き換える

〔例〕 $\displaystyle\lim_{x \to 0} \frac{x - \log(1+x)}{x^2} = \lim_{x \to 0} \frac{1 - \dfrac{1}{1+x}}{2x} = \lim_{x \to 0} \frac{1}{2(1+x)} = \frac{1}{2}$

3-8 導関数の符号と関数の増減

関数 $f(x)$ が区間 $[a, b]$ で連続、区間 (a, b) で微分可能のとき、

(1) (a, b) で $f'(x) > 0$ ⇒ $[a, b]$ で $f(x)$ は**単調増加**

(2) (a, b) で $f'(x) < 0$ ⇒ $[a, b]$ で $f(x)$ は**単調減少**

レッスン

上記の定理は $f'(x)$ が接線の傾き（§2-9）であることから直観的に理解できます。

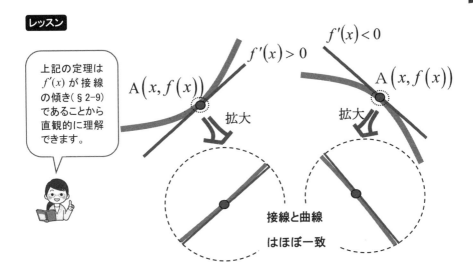

〔**解説**〕 微分可能な点の近くでは接線と $y = f(x)$ のグラフはほぼ一致（上図）しています。ここで、傾きが正の直線は x が増えれば y が増え、傾きが負の直線は x が増えれば y が減ります。したがって、次のように接線の傾きの状態で関数の増減の判定ができます。

> $f'(x) > 0$、つまり、接線の傾きが正ならば $f(x)$ は増加
>
> $f'(x) < 0$、つまり、接線の傾きが負ならば $f(x)$ は減少

(注) この定理の証明は条件から関数の増加・減少の定義（§1-7）を満たすことを示す。

3-9 凹凸の判定

$f(x)$ は $[a, b]$ で連続、(a, b)で2回微分可能とする。このとき、
（ⅰ）(a, b)で$f''(x) > 0$ ⇒ 区間 $[a, b]$ で $f(x)$ は下に凸
（ⅱ）(a, b)で$f''(x) < 0$ ⇒ 区間 $[a, b]$ で $f(x)$ は上に凸

レッスン

接線の傾きに着目!!

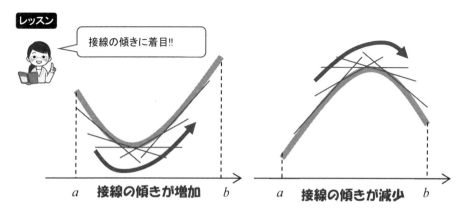

a 　接線の傾きが増加 　b　　　a 　接線の傾きが減少 　b

〔**解説**〕　$f''(x) > 0$ なる区間では $f'(x)$ が増加、つまり、接線の傾きが増加しているので上図左のようになります。また、$f''(x) < 0$ なる区間では $f'(x)$ が減少、つまり、接線の傾きが減少しているので上図右のようになります。なお、凹凸の判定は下図のイメージで覚えるといいでしょう。

正ならば溜まる 　　　　**負ならばこぼれる**

$f''(x) > 0$ 　　　　$f''(x) < 0$

（注）　証明するには、まず、凹凸を式で定義することからスタートします。

＜MEMO＞　関数 $f(x)$ の凹凸を式で定義する

　前ページでは、関数のグラフが上に出っ張っていれば「関数は上に凸」、下に出っ張っていれば「関数は下に凸」と捉えています。これは、極めて視覚的な表現で数学としては厳密ではありません。本書は直観的に微分・積分を理解しようという本ですので、関数の凹凸に対してこのような直観的な捉え方で説明をしましたが、参考までに関数の凹凸を式で定義するとどうなるのかを紹介しておきましょう。

区間 I で、$x_1 < x < x_2$ を満たす任意の x_1, x, x_2 に対して

$$\frac{f(x) - f(x_1)}{x - x_1} < \frac{f(x_2) - f(x)}{x_2 - x} \quad \cdots\cdots ①$$

がつねに成り立つとき、関数 $f(x)$ は区間 I で下に凸であるという。
①の不等号が逆のとき、関数 $f(x)$ は区間 I で上に凸であるという。
なお、関数が下に凸であるとき、そのグラフは下に凸であるといい、関数が上に凸であるとき、そのグラフは上に凸であるという。

　①の不等式を図示すると次のようになります。

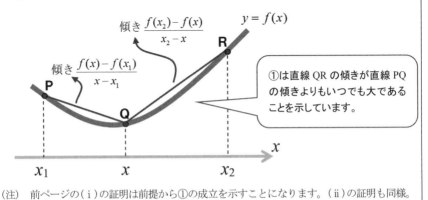

傾き $\dfrac{f(x_2) - f(x)}{x_2 - x}$

$y = f(x)$

R

傾き $\dfrac{f(x) - f(x_1)}{x - x_1}$

P

Q

①は直線 QR の傾きが直線 PQ の傾きよりもいつでも大であることを示しています。

x

x_1　　x　　x_2

（注）　前ページの（ⅰ）の証明は前提から①の成立を示すことになります。（ⅱ）の証明も同様。

3-10 変曲点の判定

$f(x)$ が第 2 次導関数 $f''(x)$ をもつとき

（ⅰ）　点 $P(a, f(a))$ が $y = f(x)$ の変曲点　$\Rightarrow$　$f''(a) = 0$

（ⅱ）　$f''(a) = 0$、$x = a$ の前後で $f''(x)$ の符号が変わる

$$\Rightarrow\quad P(a, f(a)) \text{ が変曲点}$$

レッスン

変曲点は凹
から凸へ、ま
たは、凸から
凹へ変わる点
のことです。

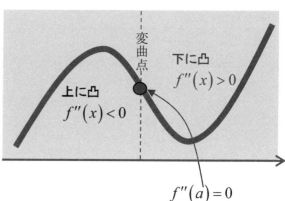

変曲点

下に凸
$f''(x) > 0$

上に凸
$f''(x) < 0$

$f''(a) = 0$

〔**解説**〕　曲線 $y = f(x)$ 上の点 $P(a, f(a))$ において、その点の左右で曲線の凹凸が変わるとき、点 P を曲線 $y = f(x)$ の**変曲点**といいます。

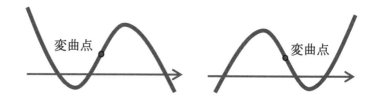

変曲点

変曲点

3-11 極値の条件

$f(x)$ が a を含む a の前後で微分可能であるとき、
(i) 　$f(x)$ が $x=a$ で**極値** $\Rightarrow$ $f'(a)=0$ 　　　(注) 逆は不成立
(ⅱ) 　(1) 　$f'(x)$ が $x=a$ の前後で負から正へ $\Rightarrow$ $x=a$ で極小値
　　　(2) 　$f'(x)$ が $x=a$ の前後で正から負へ $\Rightarrow$ $x=a$ で極大値
　　　(3) 　$f'(x)$ が $x=a$ の前後で符号を変えない
　　　　　　　　　　　　　　　$\Rightarrow$ $x=a$ で極値をとらない

レッスン

接線の傾きに
着目するとよく
わかります。

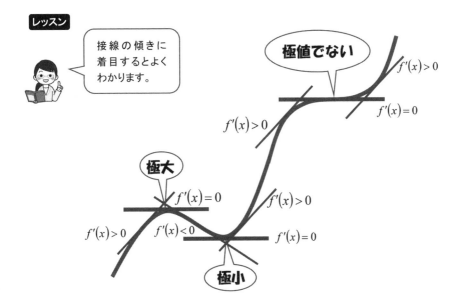

〔**解説**〕　極大とか極小ということは、簡単にいえば**「部分的に最大」、**
「部分的に最小」ということです。冒頭の定理は上図から明らかです。

(注)　上記の定理はあくまでも微分可能な部分での極値の判定にすぎません。極値そのも
　　のは部分的に最大か最小かということであって、微分可能とは関係がありません。

3-12 極大・極小の判定

f(x)は x＝a の近くで2回微分可能であり、$f''(x)$ は x＝a で連続であるとする。
（ⅰ） $f'(a)=0$、$f''(a)>0$ ⇒ $f(a)$ は**極小値**
（ⅱ） $f'(a)=0$、$f''(a)<0$ ⇒ $f(a)$ は**極大値**
（ⅲ） $f'(a)=0$、$f''(a)=0$ ⇒ $f(a)$ はなんともいえない

条件を図示すれば明らかです。

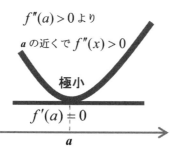
$f''(a)>0$ より
a の近くで $f''(x)>0$
極小
$f'(a)=0$
a

x＝a で接線の傾き0
x＝a の近くで下に凸

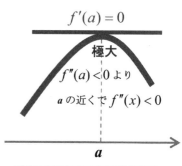
$f'(a)=0$
極大
$f''(a)<0$ より
a の近くで $f''(x)<0$
a

x＝a で接線の傾き0
x＝a の近くで上に凸

〔解説〕 （ⅰ） $f''(a)>0$ と $f''(x)$ が x＝a で連続であることより x＝a の近くでグラフは下に凸となります（§3-9）。これと、$f'(a)=0$ より x＝a でグラフは谷底となります。したがって、x＝a で極小になります。（ⅱ）、（ⅲ）についても同様です。

〔例〕 $f(x)=x^2$ は $f'(x)=2x$、 $f''(x)=2$ より $f'(0)=0$、$f''(0)=2>0$ よって $f(0)=0$ は極小値。同様に、$f(x)=-x^2$ は $f'(0)=0$、 $f''(0)=-2<0$ となり $f(0)=0$ は極大値。

3-13 漸近線

$y = f(x)$ のグラフの漸近線(ぜんきんせん)について次のことが成立する。

$$\left.\begin{array}{l}\displaystyle\lim_{x\to\infty\ or\ -\infty}\frac{f(x)}{x}=m \\[2mm] \displaystyle\lim_{x\to\infty\ or\ -\infty}\{f(x)-mx\}=n\end{array}\right\} \Leftrightarrow\ y=mx+n\ は\ y=f(x)\ の漸近線$$

レッスン

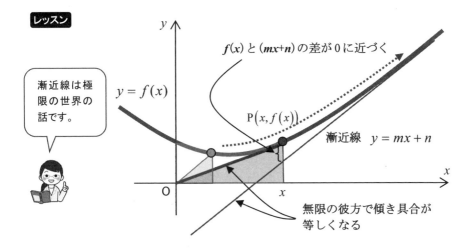

漸近線は極限の世界の話です。

$f(x)$ と $(mx+n)$ の差が 0 に近づく

$y = f(x)$

$P(x, f(x))$

漸近線 $y = mx + n$

無限の彼方で傾き具合が等しくなる

〔**解説**〕　曲線上の点がしだいに原点から遠ざかっていくとき、その点からの距離が限りなく 0 に近づくような直線があれば、その直線をもとの曲線の**漸近線**といいます。曲線上の点 P と直線との距離は右図の d に相当しますが、点 P が原点から遠ざかって d が 0 に近づくとき、

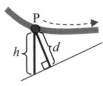

右図の h も限りなく 0 に近づきます。この右図の h に相当するのが $f(x) - \{mx + n\}$ となります（厳密には絶対値をつけます）。

3-14 グラフの概形の描き方

関数 $y = f(x)$ のグラフの概形を描くには以下を調べるとよい。

(1)　y' の符号をもとに関数の増加、減少を調べる

(2)　y'' の符号をもとに関数の凹凸を調べる

(3)　変曲点、極値を調べる

(4)　漸近線を調べる

(5)　x 軸、y 軸との交点を調べる

(6)　偶関数、奇関数を考慮する

レッスン

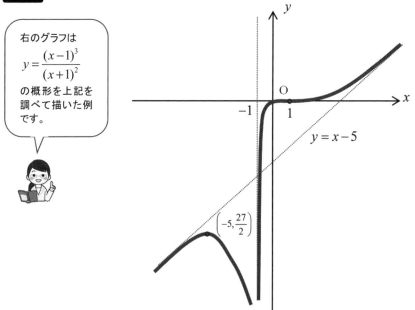

右のグラフは

$$y = \frac{(x-1)^3}{(x+1)^2}$$

の概形を上記を調べて描いた例です。

$y = x - 5$

$\left(-5, \dfrac{27}{2}\right)$

〔**解説**〕　一般に、区間 I における関数 $y = f(x)$ のグラフを正確に描くことは困難です。コンピューターを使えば描けると思っている人がいるようですが、コンピューターの描くグラフは格子越しに垣間見たものであって、グラフの正確な姿を表現しているわけではありません(右図)。

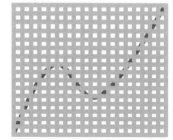

本来、区間 I のすべての実数 x に対して $f(x)$ を計算して求めた点 $(x, f(x))$ を xy 平面上に描かなければなりませんが、コンピューターにはそんなことはできません。なぜならば、コンピューターが処理できる x は有限小数に限られるからです(もちろん、十分に参考にはなりますが)。

そこで、前ページの(1)〜(6)のようなことを調べて、$y = f(x)$ のグラフは理論的にはこのようになっているはずだ、と見抜くことが大事になります。

前ページのグラフは

$$y' = \frac{(x+5)(x-1)^2}{(x+1)^3}$$

$$y'' = \frac{24(x-1)}{(x+1)^4}$$

をもとに右の表(**増減表** <ruby>増減表<rt>ぞうげんひょう</rt></ruby>

x	$\cdots$	-5	$\cdots$	-1	$\cdots$	1	$\cdots$
y'	+	0	−	✕	+	0	+
y''	−	−	−	✕	−	0	+
y	↗	$-\dfrac{27}{2}$ 極大	↘	✕	↗	0 変曲点	↗

という)を作成し、これから $y = \dfrac{(x-1)^3}{(x+1)^2}$ の概形を理論的に見抜いた例です。

記号 ↗ は上に凸の状態で関数が増加していることを示しています、他の記号も同様です。

なお、漸近線 $y = x - 5$ は §3-13 を利用して求めています。

3-15　速度と加速度

(A) 直線上の運動

x 軸上を運動する点 P の位置が時刻 t の関数として $x = f(t)$ と表わされているとき（下図）、

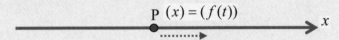

(1)　時刻 t における動点 P の速度 $\vec{v}$ は　$\vec{v} = \dfrac{dx}{dt} = f'(t)$

(2)　時刻 t における動点 P の加速度 $\vec{a}$ は　$\vec{a} = \dfrac{d^2x}{dt^2} = f''(t)$

(B) 平面上の運動

xy 平面上を運動する点 P の位置 (x, y) が時刻 t の関数として $(x, y) = (f(t), g(t))$ と表わされているとき（右図）、

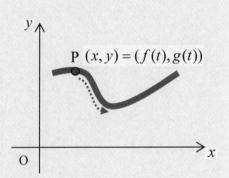

(1)　時刻 t における動点 P の速度 $\vec{v}$ は　$\vec{v} = \left(\dfrac{dx}{dt}, \dfrac{dy}{dt} \right) = \left(f'(t), g'(t) \right)$

(2)　時刻 t における動点 P の加速度 $\vec{a}$ は $\vec{a} = \left(\dfrac{d^2x}{dt^2}, \dfrac{d^2y}{dt^2} \right) = \left(f''(t), g''(t) \right)$

運動は時間軸（t 軸）を設けた図で考えるとわかりやすいですね。下の上図は x 軸上の運動、その下の図は xy 平面上の運動です。

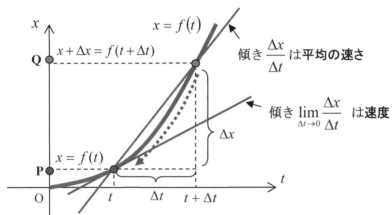

傾き $\dfrac{\Delta x}{\Delta t}$ は**平均の速さ**

傾き $\displaystyle\lim_{\Delta t \to 0}\dfrac{\Delta x}{\Delta t}$ は**速度**

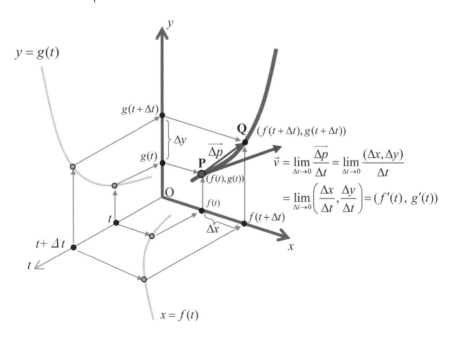

$$\vec{v} = \lim_{\Delta t \to 0}\frac{\overrightarrow{\Delta p}}{\Delta t} = \lim_{\Delta t \to 0}\frac{(\Delta x, \Delta y)}{\Delta t}$$

$$= \lim_{\Delta t \to 0}\left(\frac{\Delta x}{\Delta t}, \frac{\Delta y}{\Delta t}\right) = (f'(t),\ g'(t))$$

〔解説〕 (A) 直線上の運動

数直線上の動点 P の運動は次のようになります。時間 t の増分 Δt に対応する位置 $x = f(t)$ の増分を Δx とするとき、平均変化率 $\dfrac{\Delta x}{\Delta t}$ を**平均の速さ**といい、$\lim\limits_{\Delta t \to 0} \dfrac{\Delta x}{\Delta t}$ が存在すれば、この (瞬間) **変化率**を**速度**といいます。

また、速度の変化率を**加速度** (*accelerated velocity*) といいます。つまり、

(1)　時刻 t における動点 P の速度 v は　$v = \dfrac{dx}{dt} = f'(t)$

(2)　時刻 t における動点 P の加速度 a は　$a = \dfrac{dv}{dt} = \dfrac{d^2 x}{dt^2} = f''(t)$

通常は、数直線上の動点 P の速度、加速度を上記のように定義しますが、速度、加速度を 1 次元のベクトル (成分表示の場合、成分は 1 つ) と捉えれば速度、加速度の表現は次のようになります。

(1)　時刻 t における動点 P の速度 $\vec{v}$ は　$\vec{v} = \dfrac{dx}{dt} = f'(t)$

(2)　時刻 t における動点 P の加速度 $\vec{a}$ は　$\vec{a} = \dfrac{d\vec{v}}{dt} = \dfrac{d^2 x}{dt^2} = f''(t)$

$$\vec{p}(t + \Delta t) = f(t + \Delta t)$$

$$\vec{p}(t) = f(t)$$

$$\Delta \vec{p} = \vec{p}(t + \Delta t) - \vec{p}(t) = f(t + \Delta t) - f(t)$$

$$\vec{v} = \lim_{\Delta t \to 0} \frac{\Delta \vec{p}}{\Delta t}$$

〔例〕　$x = t^2$ のとき速度は $x' = 2t$、加速度は $x'' = 2$ となります。

(B) 平面上の運動

xy 平面上の動点 P が微小時間 Δt 後に点 Q に移動したとすれば、点 Q の位置ベクトル $\vec{q}$ は $\vec{q} = (f(t+\Delta t), g(t+\Delta t))$ と書けます。

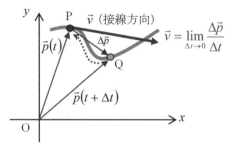

よって、変位 $\Delta\vec{p}$ は

$$\Delta\vec{p} = \overrightarrow{OQ} - \overrightarrow{OP} = (f(t+\Delta t) - f(t), g(t+\Delta t) - g(t))$$

ゆえに、xy 平面上の $\vec{p} = \vec{p}(t) = (f(t), g(t))$ における速度は

$$\vec{v} = \lim_{\Delta t \to 0} \frac{\Delta\vec{p}}{\Delta t} = \left(\lim_{\Delta t \to 0} \frac{f(t+\Delta t) - f(t)}{\Delta t}, \lim_{\Delta t \to 0} \frac{g(t+\Delta t) - g(t)}{\Delta t} \right) = \left(\frac{df(t)}{dt}, \frac{dg(t)}{dt} \right)$$

と考えられます。速度ベクトルの方向は動点 P が描く曲線の接線方向になります。また、加速度 $\vec{a}$ は速度ベクトルの変化率なので、位置ベクトルから速度ベクトルを導いたのと同様に速度ベクトルから導けば

$$\vec{a} = \left(\frac{d^2 x}{dt^2}, \frac{d^2 y}{dt^2} \right) = (f''(t), g''(t))$$

となります。

〔例〕 xy 平面上を運動する点 P の位置ベクトル $\vec{p}$ が $\vec{p} = (t^2, t^3)$ であるとき、速度ベクトルは $\vec{v} = (2t, 3t^2)$、加速度ベクトルは $\vec{a} = (2, 6t)$ となります。

(注1) ベクトルの微分や積分は**ベクトル解析**と呼ばれる数学です。

(注2) xyz 座標空間で運動する点 P の位置ベクトル $\vec{p}$ が $\vec{p} = (f(t), g(t), h(t))$ であるとき、動点 P の速度ベクトル、加速度ベクトルは次のようになります。

$$\vec{v} = \left(\frac{dx}{dt}, \frac{dy}{dt}, \frac{dz}{dt} \right) = (f'(t), g'(t), h'(t)) \qquad \vec{a} = \left(\frac{d^2 x}{dt^2}, \frac{d^2 y}{dt^2}, \frac{d^2 z}{dt^2} \right) = (f''(t), g''(t), h''(t))$$

3-16 ニュートン・ラフソン法

区間 (a,b) には $f(x)=0$ の実数解がただ1つしかないものとする。まず、点 $(a, f(a))$ における $y=f(x)$ の接線と x 軸との交点の x 座標 $a_1 = a - \dfrac{f(a)}{f'(a)}$ を求め、次に点 $(a_1, f(a_1))$ における $y=f(x)$ の接線と x 軸との交点の x 座標 $a_2 = a_1 - \dfrac{f(a_1)}{f'(a_1)}$ を求める。

以下同様に、$a_3, a_4, \cdots$ を求め、適当な a_n をもって $f(x)=0$ の区間 (a,b) における解の近似値とみなす方法を**ニュートン・ラフソン法**という。

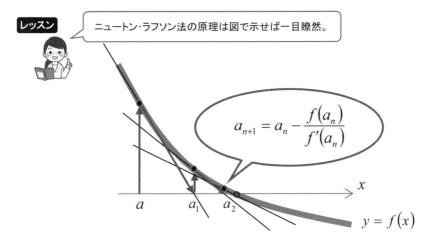

レッスン

ニュートン・ラフソン法の原理は図で示せば一目瞭然。

$$a_{n+1} = a_n - \frac{f(a_n)}{f'(a_n)}$$

$y = f(x)$

〔**解説**〕 接線と x 軸との交点に着目したニュートン・ラフソン法は解への収束はかなり速い。つまり、何回か $a_1, a_2, a_3, a_4, \cdots$ を求めるだけで、かなりいい近似解を得ることができます。

(注) ニュートン法も次ページの2分法も、実際には、コンピューターで計算します。

─ ＜MEMO＞　**2分法による方程式の解の近似値** ─

方程式の解法として以下に紹介する2分法も参考にしてください。

連続な関数 $y = f(x)$ が $a < b$ に対して $f(a)f(b) < 0$ であるとする。

ここで、$x_1 = \dfrac{a+b}{2}$　に対して次のことが成立する。

(イ)　$f(a)f(x_1) < 0$ ならば　区間 (a, x_1) に $f(x) = 0$ の解がある。

(ロ)　$f(x_1)f(b) < 0$ ならば　区間 (x_1, b) に $f(x) = 0$ の解がある。

(ハ)　$f(x_1) = 0$　ならば　x_1 が $f(x) = 0$ の解である。

(イ)のとき区間 (a, x_1) の中点を、(ロ)のとき区間 (x_1, b) の中点をそれぞれとって同様に調べていき、解の存在範囲を狭めていけば「**解の近似値**」を得ることができる。この方法を **2分法** という。

(注)　2分法は関数の連続性のみを利用したものであって、微分とは関係ない解の求め方です。

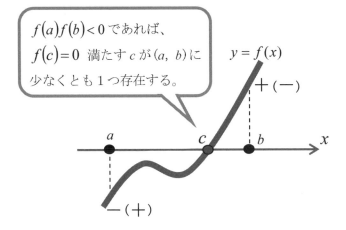

$f(a)f(b) < 0$ であれば、
$f(c) = 0$ 満たす c が (a, b) に
少なくとも1つ存在する。

2分法は「関数のグラフが x 軸の上と下に位置し、そのグラフが繋がっている（**連続**）ならば、グラフは必ず x 軸と交わる」という考え方です。

3-17 マクローリンの定理と近似式

関数 $f(x)$ が $x=0$ の近くで n 回微分可能とする。このとき、$x=0$ の十分に近くにある任意の x について次の式が成立する。

$$f(x) = f(0) + f'(0)x + \frac{f''(0)}{2!}x^2 + \cdots\cdots + \frac{f^{(n-1)}(0)}{(n-1)!}x^{n-1} + \frac{f^{(n)}(\theta x)}{n!}x^n$$

ただし、$0 < \theta < 1$

レッスン

マクローリンの定理は、n を大きくすると、$x=0$ の十分近くで

$$f(0) + f'(0)x + \frac{f''(0)}{2!}x^2 + \cdots\cdots + \frac{f^{(n-1)}(0)}{(n-1)!}x^{n-1}$$

は関数 $f(x)$ の近似値であることを意味しています。まずは、$f(x) = \sin x$ の例で、このことを実感しましょう。

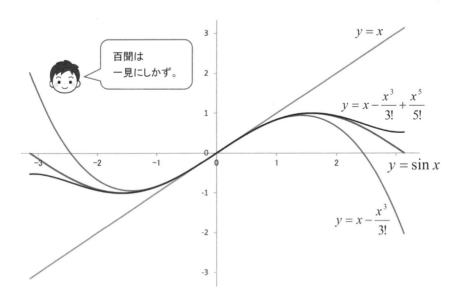

百聞は一見にしかず。

$y = x$

$y = x - \dfrac{x^3}{3!} + \dfrac{x^5}{5!}$

$y = \sin x$

$y = x - \dfrac{x^3}{3!}$

〔**解説**〕 この定理は**マクローリンの定理**と呼ばれるものです。一般に最後の $\dfrac{f^{(n)}(\theta x)}{n!} x^n$ は n が大きくなると分母の $n!$ が限りなく大きくなるため 0 に近づきます。したがって、これを無視すると次のような近似式を得ます。

$$f(x) \fallingdotseq f(0) + f'(0)x + \frac{f''(0)}{2!}x^2 + \cdots\cdots + \frac{f^{(n-1)}(0)}{(n-1)!}x^{n-1} \quad \cdots ①$$

前ページの図は関数 $f(x) = \sin x$ を例に $n = 2, 4, 6$ の各場合に①のグラフを描いたものです。近似の様子が一目でわかります。

マクローリンの定理から次の近似式を得ることができます。

> (1) $\quad e^x \fallingdotseq 1 + x + \dfrac{x^2}{2!} + \dfrac{x^3}{3!} + \dfrac{x^4}{4!} + \cdots\cdots + \dfrac{x^n}{n!} + \cdots\cdots$
>
> (2) $\quad \sin x \fallingdotseq x - \dfrac{x^3}{3!} + \dfrac{x^5}{5!} - \dfrac{x^7}{7!} + \cdots\cdots$
>
> (3) $\quad \cos x \fallingdotseq 1 - \dfrac{x^2}{2!} + \dfrac{x^4}{4!} - \dfrac{x^6}{6!} + \cdots\cdots$
>
> (4) $\quad \log_e(1+x) \fallingdotseq x - \dfrac{x^2}{2} + \dfrac{x^3}{3} - \dfrac{x^4}{4} + \dfrac{x^5}{5} - \cdots$

(注1) **無限級数の理論**によると $n \to \infty$ のとき、(1)〜(3)は任意の x について $\fallingdotseq$ が $=$ となり、(4)は $-1 < x \leqq 1$ のとき $\fallingdotseq$ が $=$ となります。

(注2) (1)の x に $i\theta$ (i は虚数単位) を代入すると、

$$e^{i\theta} = \left(1 - \frac{\theta^2}{2!} + \frac{\theta^4}{4!} - \frac{\theta^6}{6!} + \cdots\right) + i\left(\theta - \frac{\theta 3}{3!} + \frac{\theta 5}{5!} - \frac{\theta 7}{7!} + \cdots\right) = \cos\theta + i\sin\theta$$

となりオイラーの公式が現れます。

なお、このマクローリンの定理は次の「**テイラーの定理**」から導かれます。この定理の成立理由は＜MEMO＞を参照してください。

テイラーの定理

関数 $f(x)$ が区間 $[a,\ b]$ で連続、区間 $(a,\ b)$ で n 回微分可能とする。このとき、区間 $(a,\ b)$ 上に点 c が存在して次の式が成立する。

$$f(b) = f(a) + f'(a)(b-a) + \frac{f''(a)}{2!}(b-a)^2 + \cdots\cdots + \frac{f^{(n-1)}(a)}{(n-1)!}(b-a)^{n-1} + R_n$$

$$\text{ただし、} \quad R_n = \frac{f^{(n)}(c)}{n!}(b-a)^n \ , \quad a < c < b$$

なお、上記の $R_n = \dfrac{f^{(n)}(c)}{n!}(b-a)^n$, $a < c < b$ を**ラグランジュの剰余**といいます。

┌─ ＜MEMO＞　「テイラーの定理」の成立理由 ─

関数 $f(x)$ に対して次の関数 $F(x)$ を考えます。

$$F(x) = f(b) - \left\{ f(x) + f'(x)(b-x) + \frac{f''(x)}{2!}(b-x)^2 + \cdots + \frac{f^{(n-1)}(x)}{(n-1)!}(b-x)^{n-1} + K(b-x)^n \right\}$$

ただし、K は定数とします。

すると、$F(b) = 0$ となります。また、定数 K については、$F(a) = 0$ となるように値を定めることができます。なぜならば、$F(a) = 0$ は K についての 1 次方程式だからです。このような K を用いることにすれば $F(a) = F(b)$ となります。したがって、ロルの定理によって区間 (a, b) 上に 1 点 C(c,0) が存在して $F'(c) = 0$ となります。

そこで、$F'(x)$ を求めると

$$F'(x) = 0 - \{f'(x) + f''(x)(b-x) - f'(x) + \frac{f'''(x)}{2!}(b-x)^2 - f''(x)(b-x) + \cdots$$

$$\cdots + \frac{f^{(n)}(x)}{(n-1)!}(b-x)^{n-1} - \frac{f^{(n-1)}(x)}{(n-2)!}(b-x)^{n-2} - nK(b-x)^{n-1}\}$$

$$= -\frac{f^{(n)}(x)}{(n-1)!}(b-x)^{n-1} + nK(b-x)^{n-1}$$

となります。

$$F'(c) = 0 \quad \text{より} \quad K = \frac{f^{(n)}(c)}{n!} \quad \text{となります。}$$

この K を $F(a) = 0$ を表わす式、つまり、

$$F(a) = f(b) - \left\{ f(a) + f'(a)(b-a) + \frac{f''(a)}{2!}(b-a)^2 + \cdots + \frac{f^{(n-1)}(a)}{(n-1)!}(b-a)^{n-1} + K(b-a)^n \right\} = 0$$

に、代入すればテイラーの定理が得られます。

なお、テイラーの定理の b の代わりに x を代入したものを関数 $f(x)$ の点 a における**テイラー展開**といいます。

$$f(x) = f(a) + f'(a)(x-a) + \frac{f''(a)}{2!}(x-a)^2 + \cdots\cdots + \frac{f^{(n-1)}(a)}{(n-1)!}(x-a)^{n-1} + R_n$$

$$\text{ただし、} \quad R_n = \frac{f^{(n)}(c)}{n!}(x-a)^n \qquad a < c < x$$

また、さらに、a に 0 を代入したものが**マクローリンの定理（マクローリン展開）** となります。

$$f(x) = f(0) + f'(0)x + \frac{f''(0)}{2!}x^2 + \cdots\cdots + \frac{f^{(n-1)}(0)}{(n-1)!}x^{n-1} + R_n$$

$$\text{ただし、} \quad R_n = \frac{f^{(n)}(c)}{n!}x^n \qquad 0 < c < x$$

ここで、$0 < c < x$ より、$c = \theta x \ (0 < \theta < 1)$ と書くことができます。

　16世紀から17世紀にかけて、ヨーロッパでは砲弾の軌道の研究が盛んでした。これは前述したとおり国家の存亡をかけた一大研究テーマでした。この問題に対して、16世紀のイタリアの科学者ガリレオ・ガリレイは砲弾の運動を水平方向と垂直方向の2つの成分に分けて考え、「砲弾の軌道は放物線になる」と考えました。

　また、フランスの数学者ルネ・デカルトやピエール・ド・フェルマーは**座標**の考えを作り出し、点の運動などを座標を使って表現しました。その結果、図形の性質を数式の計算で処理することを可能にしたのです(解析幾何学)。

　イギリスの科学者アイザック・ニュートンは**微分**の考え方を産み出し、運動する物体を座標を使って処理し、速度というものを解明しました。また、ドイツのライプニッツはニュートンとは違う方法で微分・積分学の基礎を確立しました。無限小を表わす d や積分記号 $\int$ など、今日の微分積分学の記号のほとんどはライプニッツが作成した記号が使われています。

　積分の萌芽はアルキメデスの頃からありましたが、時代の変遷を経て考え続けられてきました。そして、積分の考えは17世紀になって微分と結びつき、「**微分積分学**」という数学にまとめあげられ、18世紀以降のヨーロッパの産業革命に大きな影響を及ぼすことになったのです。

第4章　積分の基本

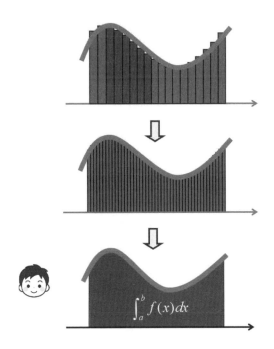

$$\int_a^b f(x)dx$$

積分を「分かった積もりだ」などといって喜んでいてはいけません。積分とは微小長方形の和の極限なのです!! まず初めに、このことをしっかりと頭に入れておくことにしましょう！ すべてはここからです。

4-1 定積分の定義

$\displaystyle\lim_{n\to\infty}\sum_{i=1}^{n}f(x_i)\Delta x$ の値を $\displaystyle\int_{a}^{b}f(x)dx$ と定義する。つまり、

$$\int_{a}^{b}f(x)dx=\lim_{n\to\infty}\sum_{i=1}^{n}f(x_i)\Delta x \quad \text{ただし、} f(x) \text{は区間}[a,b]\text{で連続。}$$

レッスン

$f(x)$は区間$[a,b]$で定義された連続な関数とします。

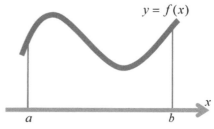

区間$[a,b]$を n 等分し、各分点を順に
$x_1,x_2,\cdots,x_i,\cdots,x_n$
とします。

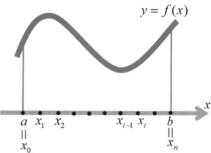

$\Delta x=\dfrac{b-a}{n}$ とします。

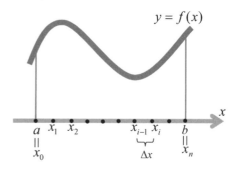

横幅 Δx、高さ $f(x_i)$ の n 個の長方形を考えます。

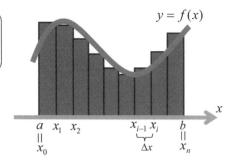

すると、これら n 個の長方形の面積の和 S_n は、

$$S_n = f(x_1)\Delta x + f(x_2)\Delta x + \cdots + f(x_i)\Delta x + \cdots + f(x_n)\Delta x$$

と書けます。Σ（シグマ）を使えば $\displaystyle S_n = \sum_{i=1}^{n} f(x_i)\Delta x$

n を大きくし、分割を細かくした S_n を求めます。

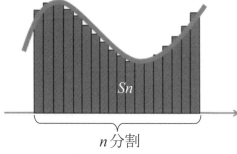

n 分割

n の数をさらに大きくし、分割を細かくした S_n を求めます。

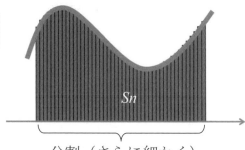

n 分割（さらに細かく）

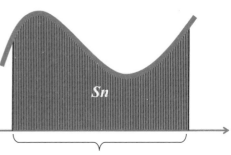

n を限りなく大きくし、分割を無限に細かくした S_n を求めます。

n 分割（無限に細かく）

このように、n を限りなく大きくしたとき、

$$S_n = \sum_{i=1}^{n} f(x_i)\Delta x = f(x_1)\Delta x + f(x_2)\Delta x + \cdots + f(x_i)\Delta x + \cdots + f(x_n)\Delta x$$

が一定の値に近づけば、この値を $\int_a^b f(x)dx$ と書くことにします。

つまり、$\displaystyle \int_a^b f(x)dx = \lim_{n\to\infty} \sum_{i=1}^{n} f(x_i)\Delta x$

〔解説〕　関数 $f(x)$ が区間 $[a, b]$ で定義されているものとします。この区間を n 等分し、各区間の境界点に左から x_0、x_1、x_2、……、x_n と名前を付け、右図の n 個の長方形の面積（または面積に－を付けたもの）の和を S_n とします。

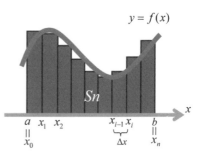

$$S_n = \sum_{i=1}^{n} f(x_i)\Delta x = f(x_1)\Delta x + f(x_2)\Delta x + \cdots + f(x_n)\Delta x \quad \cdots ①$$

ただし、$\Delta x = (b-a)/n$

144

ここで、分割を限りなく細かくしたとき、つまり、$n \to \infty$にしたとき、①のS_nが一定の値に近づくならば、関数$f(x)$は区間$[a, b]$で**積分可能**であるといい、その一定の値を記号$\int_a^b f(x)dx$で表わし、aからbまでの**定積分**といいます。つまり、

$$\int_a^b f(x)dx = \lim_{n \to \infty} \sum_{i=1}^n f(x_i)\Delta x \quad \cdots ②$$

と定義します。なお、aを積分の**下端**、bを積分の**上端**、$f(x)$を**被積分関数**といい、記号$\int$は**インテグラル**と読みます。

（注1）　この定義はリーマン積分の定義を簡略化したものです（＜MEMO＞を参照）。
（注2）　①のS_nは各小区間$[x_{i-1}, x_i]$の右端x_iにおける関数値$f(x_i)$を利用しています。

　右図のように、左端x_{i-1}における関数値$f(x_{i-1})$を利用して$\lim_{n \to \infty} \sum_{i=1}^n f(x_{i-1})\Delta x$を$\int_a^b f(x)dx$と定義しても、つまり、$\int_a^b f(x)dx = \lim_{n \to \infty} \sum_{i=1}^n f(x_{i-1})\Delta x$と定義しても$\int_a^b f(x)dx$の値は②と変わりません。

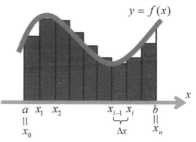

〔例〕　$\int_a^b f(x)dx$の計算をしてみましょう。

(1)　$\int_0^1 x^2 dx$について

　②において$f(x) = x^2$の場合です。区間$[0,1]$をn等分してできるn個の長方形の面積の和S_nは次のようになります。

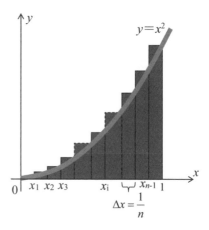

$$S_n = \sum_{i=1}^{n} f(x_i)\Delta x$$

$$= \sum_{i=1}^{n} \left(\frac{i}{n}\right)^2 \frac{1}{n}$$

$$= \frac{1^2 + 2^2 + 3^2 + \cdots + i^2 + \cdots + n^2}{n^3}$$

$$= \frac{n(n+1)(2n+1)}{6n^3}$$

ゆえに、

§4-11 からは積分は極限計算から解放され、すごくラクになりますよ。

$$\int_0^1 x^2 dx = \lim_{n \to \infty} \sum_{i=1}^{n} \left(\frac{i}{n}\right)^2 \frac{1}{n} = \lim_{n \to \infty} \frac{n(n+1)(2n+1)}{6n^3} = \lim_{n \to \infty} \frac{1}{6}\left(1 + \frac{1}{n}\right)\left(2 + \frac{1}{n}\right)$$

$$= \frac{1}{6}(1+0)(2+0) = \frac{1}{3}$$

(注) $1^2 + 2^2 + 3^2 + \cdots + n^2 = \dfrac{n(n+1)(2n+1)}{6}$

＜MEMO1＞ 「微分積分」の言葉遊び

微分・積分を「**微**かに**分**かって、分かった**積**もりになる」と読みかえることは有名です。しかし、§2-6 や本節の図を見れば、微分とは読んで字のごとく「**微**細に**分**ける」こと、積分は「**分**けたものを**積**む（加える）」ことであることが理解できます。

(注) 高校の数学の教科書では、定積分は微分して $f(x)$ になる関数 $F(x)$ を利用して $\int_a^b f(x)dx = F(b) - F(a)$ と定義されています。これでは、積分の本来の意味がつかみかねます。つまり、積分は「分けたものを積む（加える）」ことであるという理解が困難になります。

＜MEMO2＞ リーマン積分

以下に、リーマンによる積分の厳密な定義を掲載しておきます。

関数 $f(x)$ が区間 $[a, b]$ で定義されているものとします。いま、この区間 $[a, b]$ を n 個の小区間に分けます。すなわち、

$$a = x_0 < x_1 < x_2 < \cdots < x_{n-1} < x_n = b \quad \cdots (1)$$

を満足する $n+1$ 個の点 $x_0, x_1, x_2, x_3, \cdots, x_{n-1}, x_n$ を用いて、$[a, b]$ を n 個の区間 $[x_0, x_1]$、$[x_1, x_2]$、$[x_2, x_3]$、……、$[x_{n-1}, x_n]$ に分けます（下図）。このとき、隣り合う区間は端点を共有しますが、各小区間の長さ

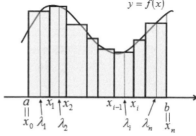

$$x_1 - x_0, x_2 - x_1, \cdots, x_n - x_{n-1}$$

は必ずしも等しくありません。次に、各小区間 $[x_0, x_1]$、$[x_1, x_2]$、$[x_2, x_3]$、……、$[x_{n-1}, x_n]$ から、それに属する点 $\lambda_1, \lambda_2, \lambda_3, \cdots, \lambda_{n-1}, \lambda_n$ をそれぞれ1つずつ任意に選びます。すなわち、

$$x_{i-1} \leqq \lambda_i \leqq x_i \qquad (i = 1, 2, 3, \cdots, n)$$

であるような実数 λ_i を任意に選びます。さらに、次の和

$$\sum_{i=1}^{n} f(\lambda_i) \Delta x_i \quad \cdots (2) \qquad ただし、\Delta x_i = x_i - x_{i-1}$$

を考えます。ここで、分割 (1) を、各小区間 $[x_i, x_{i-1}]$ の長さ $\Delta x_i = x_i - x_{i-1}$ が限りなく小さくなるように細かくしていきます。このとき、上記の和 (2) が一定の値に近づいていくならば、関数 $f(x)$ は区間 $[a, b]$ で**積分可能**であるといい、その一定の値を記号 $\displaystyle \int_a^b f(x)\,dx$ で表わします。

(注) 関数 $f(x)$ が $[a, b]$ で連続であれば $[a, b]$ で積分可能です（証明略）。これが §4-1 の根拠です。

4-2 記号 $\int_a^b f(x)dx$ の意味

積分記号 $\int_a^b f(x)dx$ は $\displaystyle\sum_{i=1}^n f(x_i)\Delta x$ をもとに作られている。

レッスン

積分 $\int_a^b f(x)dx$ の定義は何でしたか？

分割を限りなく細かくしたとき、つまり、$n \to \infty$ のとき
$$f(x_1)\Delta x + f(x_2)\Delta x + \cdots + f(x_i)\Delta x + \cdots + f(x_n)\Delta x$$
が近づいていく値のことでした。ただし、$\Delta x = (b-a)/n$

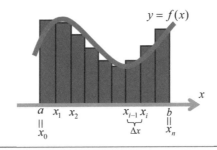

それでは、$\int_a^b f(x)dx$ を Σ 記号を使って書くとどうなりますか。

$$f(x_1)\Delta x + f(x_2)\Delta x + \cdots + f(x_i)\Delta x + \cdots + f(x_n)\Delta x = \sum_{i=1}^n f(x_i)\Delta x$$

だから $\displaystyle\int_a^b f(x)dx = \lim_{n \to \infty} \sum_{i=1}^n f(x_i)\Delta x$

Σ はギリシャ文字で「シグマ」と読み、小文字は σ です。その Σ、σ に相当するアルファベットは S と s です。

すると、$\int_a^b f(x)dx$ の $\int$ は S を縦に長く引き伸ばした記号ですね。

それだけではありません。他にも次の関係があります。

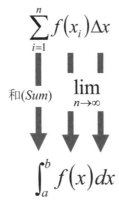

$$\sum_{i=1}^n f(x_i)\Delta x$$

和(*Sum*) $\displaystyle\lim_{n\to\infty}$

$$\int_a^b f(x)dx$$

〔解説〕 n 分割したときの個々の長方形の面積 $f(x_i)\Delta x$ は、分割を細かくしていくと幅が 0 に近い微小長方形になります。この長方形の面積を $f(x)\Delta x$ と表現します。区間 $[a,\ b]$ にあるこれら微小長方形の面積を足していくので、「足す（Sum）」の頭文字 S を利用し、その S を縦に伸ばして $\int_a^b$ と書くのです。この意味をしっかり把握すると、無限の和の一部については、これを定積分で表現できることがわかります。

4-3 連続ならば積分可能

関数 $f(x)$ が閉区間 $[a, b]$ で**連続**ならば、$f(x)$ は区間 $[a, b]$ で
積分可能である。

レッスン

積分可能とはどういうことでしたか？

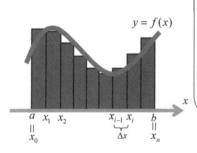

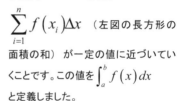

分割を限りなく細かくしたとき、
つまり、$n \to \infty$ のとき

$$\sum_{i=1}^{n} f(x_i)\Delta x$$

（左図の長方形の
面積の和）が一定の値に近づいてい

くことです。この値を $\displaystyle\int_a^b f(x)\,dx$

と定義しました。

$y = f(x)$

つまり、$\displaystyle\lim_{n \to \infty}\sum_{i=1}^{n} f(x_i)\Delta x$ が極限値をもつということね。

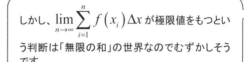

しかし、$\displaystyle\lim_{n \to \infty}\sum_{i=1}^{n} f(x_i)\Delta x$ が極限値をもつとい
う判断は「無限の和」の世界なのでむずかしそう
です。

たしかに、式で説明するのは大変です。でも、直観的に考えると、$y=f(x)$ のグラフが連続してつながっていれば、細かく分割することによって長方形と $y=f(x)$ のグラフの「隙間」を限りなく小さくできる、ということよ。

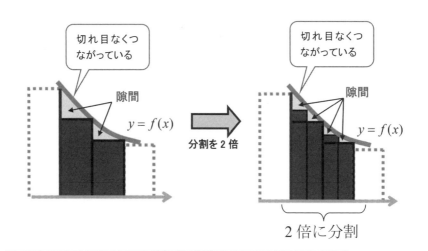

切れ目なくつながっている

隙間

$y = f(x)$

分割を2倍

切れ目なくつながっている

隙間

$y = f(x)$

2倍に分割

そうか。だから $n \to \infty$ として分割を限りなく細かくすれば、「隙間」の部分は 0 に近づくことになる。だから $\displaystyle \lim_{n \to \infty} \sum_{i=1}^{n} f(x_i) \Delta x$ は極限値をもつのか。

〔**解説**〕　関数 $f(x)$ が区間 $[a,\ b]$ で**連続**ならば、つまり、$y=f(x)$ のグラフが区間 $[a,\ b]$ で**切れ目なくつながっていれば**、上図の**「隙間」は限りなく**

0 に近づくので $\displaystyle \lim_{n \to \infty} \sum_{i=1}^{n} f(x_i) \Delta x$ は収束します。つまり有限確定値になる

ので積分可能になります。

（注1）　不連続の点があってもそれが有限個であれば積分可能にできます（§4-16 参照）。

（注2）　本節での解説は「連続ならば積分可能」の証明ではありません。このことの証明は「リーマン積分」の定義と「連続」の定義を用いて行ないます。簡単ではありません。

4-4 面積と定積分

区間 $[a,\ b]$ で $f(x)$ は連続で $f(x) \geqq 0$ とする。このとき、

$\displaystyle \int_a^b f(x)\,dx = \lim_{n \to \infty} \sum_{i=1}^n f(x_i)\Delta x$ の値をもって区間 $[a,\ b]$ で定義された関数 $y=f(x)$ のグラフと x 軸、それに2直線 $x=a, x=b$ とで囲まれた図形の面積と定義する。

つまり、「定積分の値をもって面積と定義する」のです。

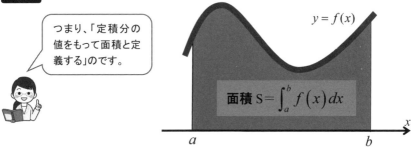

$y=f(x)$

面積 $\displaystyle S=\int_a^b f(x)\,dx$

〔**解説**〕 長方形については、その面積は縦の長さ×横の長さで求めることができます。それでは、**曲線で囲まれた図形の面積**についてはどうすればいいのでしょうか。

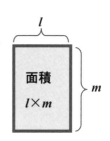

l

面積 $l \times m$

m

　この場合は、適当に分割した次ページ上図のような複数の長方形の面積の和で近似できそうです。分割をさらに細かくすれば近似の度合いは高まりそうです（次ページ中図）。そこで、分割を限りなく細かくしたとき、長方形の面積の和が一定の値に近づけば、その値をもって「曲線で囲まれた図形の面積」と定義することにします。これ

は、$f(x) \geqq 0$ としたときの定積分の定義（§4-1）そのものです。

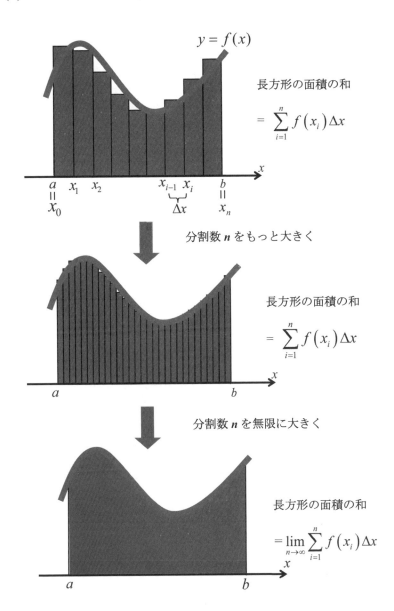

$y = f(x)$

長方形の面積の和

$$= \sum_{i=1}^{n} f(x_i) \Delta x$$

分割数 *n* をもっと大きく

長方形の面積の和

$$= \sum_{i=1}^{n} f(x_i) \Delta x$$

分割数 *n* を無限に大きく

長方形の面積の和

$$= \lim_{n \to \infty} \sum_{i=1}^{n} f(x_i) \Delta x$$

4-5 定積分の向きと符号

区間 $[a,\ b]$ で定義された連続関数 $f(x)$ の積分には次の性質がある。

$$\int_a^b f(x)\,dx = -\int_b^a f(x)\,dx$$

積分の定義は何でしたか？

$f(x)$ を a から b まで積分するのであれば、定義式は

$$\int_a^b f(x)\,dx = \lim_{n\to\infty}\sum_{i=1}^{n} f(x_i)\Delta x \quad \text{ただし、} \quad \Delta x = \frac{b-a}{n} > 0 \ \cdots ①$$

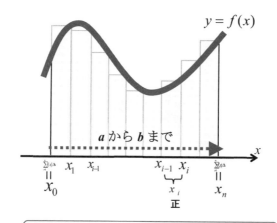

$$y = f(x)$$

a から b まで

x

x_1　x_{i-1}　x_{i-1}　x_i

x_0　　　　　　　　　　　x_n

x_i

正

それでは、b から a まで積分する式はどうなりますか？

b から a まで $f(x)$ を積分するのであれば、その式は①の a と b を入れ替えた

$$\int_b^a f(x)\,dx = \lim_{n \to \infty} \sum_{i=1}^n f(x_i)\Delta x \quad \text{ただし、} \quad \Delta x = \frac{a-b}{n} < 0 \cdots ②$$

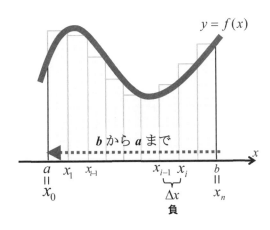

積分する向きが変わると、Δx の符号が変わります。だから $\int_a^b f(x)\,dx$ と $\int_b^a f(x)\,dx$ とでは符号が反対になるのです。

〔解説〕 関数 $f(x)$ を a から b まで積分することを $\int_a^b f(x)\,dx$ …①と書きました（§4-1）。つまり、積分には「a から b まで」と向きをもたせたわけです。したがって、$\int_b^a f(x)\,dx$ …② は $f(x)$ を b から a まで積分することを意味し、①と②で向きが逆なのです。すると、Δx、つまり、これを限りなく小さくした dx の符号が①と②では逆になるのです。

4-6 定積分は分割できる

区間 $[a, b]$ で定義された連続関数 $f(x)$ の定積分には次の性質がある。

$$\int_a^b f(x)\,dx = \int_a^c f(x)\,dx + \int_c^b f(x)\,dx$$

レッスン

足し算は、2つの部分に分けて計算できます。
例えば、1+2+3+4+5=(1+2+3)+(4+5)

定積分は基本的には足し算ですよね。

$$f(x_1)\Delta x + f(x_2)\Delta x + \cdots + f(x_i)\Delta x + \cdots + f(x_n)\Delta x = \sum_{i=1}^{n} f(x_i)\Delta x$$

濃いグレーの長方形の面積の和

$$= \sum_{i=1}^{n} f(x_i)\Delta x$$

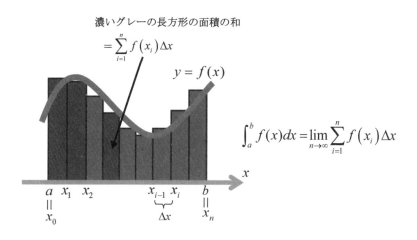

$$y = f(x)$$

$$\int_a^b f(x)\,dx = \lim_{n\to\infty} \sum_{i=1}^{n} f(x_i)\Delta x$$

足し算だから、積分区間を2つに分けて別々に足していいのです。

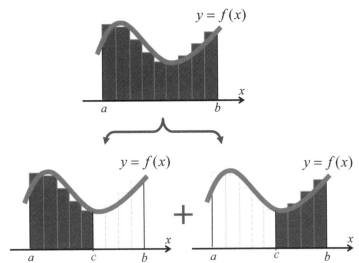

〔解説〕 定積分が分割可能な理由は「和が分割可能」だからです。つまり、上図で長方形の面積の和を求めるのに、これを2つの区間に分割して、各々の区間における面積の和を求め、それらを足せばよいことによります。なお、c と a、b の大小に制約はありません。その理由は前節によります。例えば、a、b、c の大小関係が次の場合を調べてみましょう。

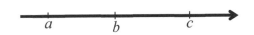

この場合、$\displaystyle\int_a^c f(x)\,dx = \int_a^b f(x)\,dx + \int_b^c f(x)\,dx$

よって、$\displaystyle\int_a^b f(x)\,dx = \int_a^c f(x)\,dx - \int_b^c f(x)\,dx = \int_a^c f(x)\,dx + \int_c^b f(x)\,dx$

4-7 定積分の性質

区間 $[a,\ b]$ で定義された連続関数 $f(x), g(x)$ に対し次の性質がある。

(1) $\displaystyle\int_a^b \{f(x)\pm g(x)\}dx = \int_a^b f(x)dx \pm \int_a^b g(x)dx$ （複号同順）

(2) $\displaystyle\int_a^b kf(x)dx = k\int_a^b f(x)dx$ （k は定数）

(3) $a\leqq x\leqq b$ で $f(x)\geqq 0$ ならば $\displaystyle\int_a^b f(x)dx\geqq 0$

(4) $a\leqq x\leqq b$ で $f(x)\geqq g(x)$ ならば $\displaystyle\int_a^b f(x)dx \geqq \int_a^b g(x)dx$

レッスン

積分 $\displaystyle\int_a^b f(x)dx$ の定義は何でしたか？

グレーの長方形の面積の和

$= \displaystyle\sum_{i=1}^{n} f(x_i)\Delta x$

$y = f(x)$

$\displaystyle\lim_{n\to\infty}\sum_{i=1}^{n} f(x_i)\Delta x$ の値を

$\displaystyle\int_a^b f(x)dx$

と定義しました。つまり、

$\displaystyle\int_a^b f(x)dx = \lim_{n\to\infty}\sum_{i=1}^{n} f(x_i)\Delta x$

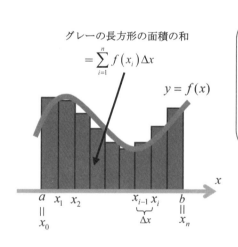

つまり、$\int_a^b f(x)dx$ の定義のおおもとは $\displaystyle\sum_{i=1}^{n} f(x_i)\Delta x$ ですね。

したがって、下記のように Σ の性質が定積分の性質に反映されるのです。

$$\sum_{i=1}^{n}\{f(x_i)\pm g(x_i)\}\Delta x = \sum_{i=1}^{n} f(x_i)\Delta x \pm \sum_{i=1}^{n} g(x_i)\Delta x$$

$$\downarrow$$

$$\int_a^b \{f(x)\pm g(x)\}dx = \int_a^b f(x)dx \pm \int_a^b g(x)dx$$

$$\sum_{i=1}^{n} kf(x_i)\Delta x = k\sum_{i=1}^{n} f(x_i)\Delta x$$

$$\downarrow$$

$$\int_a^b kf(x)dx = k\int_a^b f(x)dx$$

$$f(x_i)\geqq 0 ならば \quad \sum_{i=1}^{n} f(x_i)\Delta x \geqq 0$$

$$\downarrow$$

$$a\leqq x\leqq b で f(x)\geqq 0 \quad ならば \int_a^b f(x)dx\geqq 0$$

$$f(x_i)\geqq g(x_i) \quad ならば \quad \sum_{i=1}^{n} f(x_i)\Delta x \geqq \sum_{i=1}^{n} g(x_i)\Delta x$$

$$\downarrow$$

$$a\leqq x\leqq b で f(x)\geqq g(x) \quad ならば \quad \int_a^b f(x)dx\geqq \int_a^b g(x)dx$$

〔**解説**〕 積分が和の極限で定義されたことにより、前ページの(1)〜(4)の性質は直観的には理解できますが、$\int_a^b f(x)dx$ の定義はあくまでも $\displaystyle\lim_{n\to\infty}\sum_{i=1}^{n} f(x_i)\Delta x$ であり、$\displaystyle\sum_{i=1}^{n} f(x_i)\Delta x$ ではありません。つまり、$\displaystyle\sum_{i=1}^{n} f(x_i)\Delta x$ の性質がそのまま $\displaystyle\lim_{n\to\infty}\sum_{i=1}^{n} f(x_i)\Delta x$ の性質とはいえない可能性があります。したがって、厳密には無限の和の性質をきちんと詰めておかなければいけません。

4-8 積分における平均値の定理

関数 $f(x)$ が区間 $[a,b]$ で連続ならば、(a,b) 上に点 c が少なくとも 1 つ存在して $\int_a^b f(x)dx = f(c)(b-a)$ が成立する。

 レッスン

微分の世界で「平均値の定理」というものがあったのですが、覚えていますか。

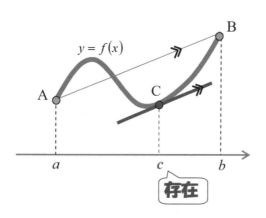

$y = f(x)$

B

A C

a c b

存在

たしか、左図のように AB に平行な接線が引けるというような……
（§3-5）

そうでしたね。でも積分における平均値の定理は接線ではありません。面積で考えるとわかりやすいのよ。

接線と面積とではかなり違いますね……。

$f(x)$ が連続、つまり、$y = f(x)$ のグラフが切れ目なくつながっているならば、(a, b)上に、c が存在して $f(x)$ のグラフと x 軸、直線 $x=a$、$x=b$ に囲まれた図形の面積 $\displaystyle\int_a^b f(x)dx$ と高さ $f(c)$ の長方形の面積、つまり $f(c)(b-a)$ が等しくなる、ということです。

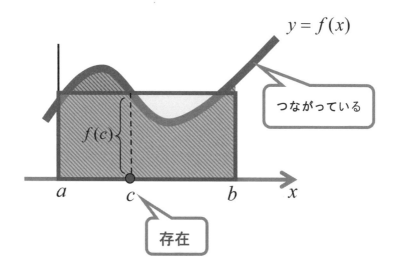

〔**解説**〕　「平均値の定理」は、関数 $f(x)$ が連続関数（グラフに切れ目がない）ならば、区間内に c が必ず存在して、次の2つの面積が等しくなるというものです。

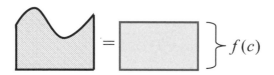

（注）　微分における平均値の定理は §3-5 参照。

4-9 微分積分学の基本定理

$f(x)$ が連続関数であるとき、 $\dfrac{d}{dx}\displaystyle\int_a^x f(t)dt = f(x)$

レッスン

これから、「微分と積分を結び付ける」という、大事な話をします。

まずは、$\displaystyle\int_a^x f(t)dt$ を考えます。これは x の関数なので、これを $F(x)$

とおきましょう。つまり、$F(x)=\displaystyle\int_a^x f(t)dt$

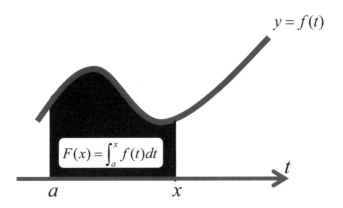

$y=f(t)$

$$F(x)=\int_a^x f(t)dt$$

a x t

$F(x)$ は a から x までの、つまり、上図の曲線の下の部分の面積
ですよね（ただし、$f(t)\geqq 0$ のとき）。x が変化すれば面積が変化
するから、確かに $\displaystyle\int_a^x f(t)dt$ は x の関数です。

積分の性質（§4-7)から次の等式が成立します。

$$\int_a^{x+h} f(t)\,dt = \int_a^x f(t)\,dt + \int_x^{x+h} f(t)\,dt \quad （下図）$$

よって $F(x+h) = F(x) + \int_x^{x+h} f(t)\,dt$

ゆえに $F(x+h) - F(x) = \int_x^{x+h} f(t)\,dt$ …① となります。

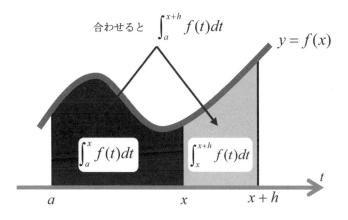

合わせると $\int_a^{x+h} f(t)dt$

$y = f(x)$

$\int_a^x f(t)dt$

$\int_x^{x+h} f(t)dt$

t

a x $x+h$

なんとなく、①式の右辺の $\int_x^{x+h} f(t)dt$ に「平均値の定理」を使う予感がします。

なかなか鋭いですね。
まさしく、「積分における平均値の定理」(§4-8)を使うと、

$$\int_x^{x+h} f(t)dt = hf(c) \quad (x < c < x+h) \quad \cdots ② \quad \text{と書けます。}$$

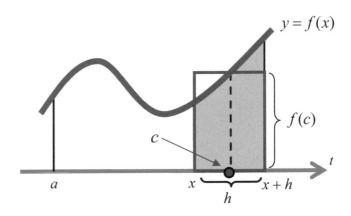

$y = f(x)$

$f(c)$

c

t

a x $\underbrace{}_{h}$ $x+h$

ということは、①、②より
$F(x+h) - F(x) = hf(c)$ となります。両辺を h で割ると

$$\frac{F(x+h) - F(x)}{h} = f(c) \qquad x < c < x+h \quad \cdots ③$$

ここで、h を限りなく 0 に近づければ、$x < c < x+h$ より
$f(c) \to f(x)$ ですね。
それに、h を限りなく 0 に近づければ
導関数の定義より、$\dfrac{F(x+h) - F(x)}{h}$ は $F'(x)$ ですね。

そうか、h を限りなく0に近づければ、③より　$F'(x) = f(x)$

すると　$F(x) = \displaystyle\int_a^x f(t)dt$　より　$\dfrac{d}{dx}\displaystyle\int_a^x f(t)dt = f(x)$　となるのか。

〔解説〕　$\dfrac{d}{dx}\displaystyle\int_a^x f(t)dt = f(x)$　は「**微分積分学の基本定理**」と呼ばれ、微

分と積分の関係を表わす大変重要な式です。§2-21 の＜MEMO＞でも紹

介しましたが、微分と積分はそれぞれ独立にその理論が構築されました。

このように異なる発展を遂げた積分と微分は「微分積分学の基本定理」

で結びつく（橋渡しされる）ことになります。

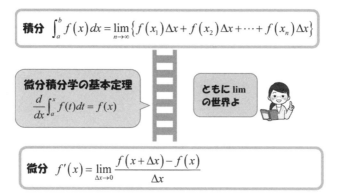

さらに、この定理を利用することにより、積分の計算が無限の和であ

る $\displaystyle\lim_{n\to\infty}\sum_{i=1}^{n} f(x_i)\Delta x$ から解放されることになります（§4−11）。

〔例〕　(1)　$\dfrac{d}{dx}\displaystyle\int_1^x t^2 dt = x^2$　　　　　(2)　$\dfrac{d}{dx}\displaystyle\int_0^x \sin t\,dt = \sin x$

(3)　$\dfrac{d}{dx}\displaystyle\int_1^x \sqrt{s}\,ds = \sqrt{x}$

4-10 原始関数と不定積分

(1) 微分して $f(x)$ になる関数 $F(x)$ を $f(x)$ の**原始関数**という。$F(x)$ が $f(x)$ の 1 つの原始関数であれば、$F(x)+C$ もまた $f(x)$ の原始関数である。ただし、C は定数。

(2) 関数 $f(x)$ の原始関数の全体を記号 $\displaystyle\int f(x)\,dx$ で表わし、これを**不定積分**という。$F(x)$ を $f(x)$ の 1 つの原始関数とすれば

$$\int f(x)\,dx = F(x)+C \quad (C\text{ は任意定数}) \quad \text{と書ける。}$$

なお、この任意定数 C を**積分定数**という。

レッスン

F'(x) = f(x) であれば $F(x)$ を $f(x)$ の**原始関数**といいます。

微分積分学の基本定理より、$\dfrac{d}{dx}\displaystyle\int_a^x f(t)\,dt = f(x)$ でしたから、

$\displaystyle\int_a^x f(t)\,dt$ は $f(x)$ の原始関数ですね。

そうですね。スゴい。
$F(x)$ の原始関数の全体を**不定積分**といい $\displaystyle\int f(x)\,dx$ と書きます。

$f(x)$ の原始関数は無数にありますが、その違いは定数だけなので $F(x)$ を $f(x)$ の**原始関数**とすれば、

$\displaystyle\int f(x)dx = F(x) + C$（$C$は任意定数）と書けるのですね。

そうですね。この任意定数 C のことを**積分定数**といいます。$f(x)$ の原始関数 $F(x)$ と**不定積分** $\displaystyle\int f(x)dx$ の関係を図示すると、次のようになります。

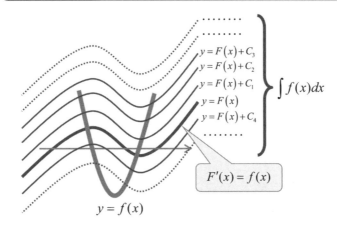

〔**解説**〕　原始関数と不定積分は厳密には違うものですが、本書では支障がなければ不定積分という言葉に原始関数の意味も含ませて使うことにします。なお、微分の性質（§2-12）を使うと不定積分に関する次の性質を得ます。

$$\int af(x)dx = a\int f(x)dx \qquad ただし、aは定数$$

$$\int \{f(x) + g(x)\}dx = \int f(x)dx + \int g(x)dx$$

〔**例**〕　$\displaystyle\int x^2 dx = \frac{x^3}{3} + C$　　$\displaystyle\int dx = \int 1dx = x + C$

4-11 不定積分による定積分の計算

$$\int_a^b f(x)dx = \Big[F(x) \Big]_a^b = F(b) - F(a) \cdots ① \qquad ただし、 F'(x) = f(x)$$

レッスン

$\displaystyle \int_a^b f(x)dx$ は $\displaystyle \int_a^b f(x)dx = \lim_{n \to \infty} \sum_{i=1}^n f(x_i)\Delta x$ と定義しました。

したがって、定積分は基本的には無限の和を計算することになります。

「無限に足していく」なんてイヤな感じです。何か抜け道はありませんか。

その方法を探ってみましょう。
実は、「微分積分学の基本定理」(§4-9)を使うのです。

「微分積分学の基本定理」というのは $\displaystyle \frac{d}{dx}\int_a^x f(t)dt = f(x)$

つまり、 $\displaystyle \int_a^x f(t)dt$ は $f(x)$ の原始関数ということですね。

まさに、そうです。ここで、$f(x)$ のもう1つの原始関数を $F(x)$ と

すれば、$\displaystyle \int_a^x f(t)dt$ と $F(x)$ の関係はどうなりますか？

$F(x)$ も $f(x)$ の原始関数だから、ある定数 C が存在して、
$$\int_a^x f(t)dt = F(x) + C \quad \cdots ② \quad となります。$$

ここで②の x に a を代入したら C の値が求まりませんか？

$\int_a^a f(t)dt = F(a) + C$ ですが $\int_a^a f(t)dt = 0$ ですから
$0 = F(a) + C$ つまり、$C = -F(a) \quad \cdots ③ \quad$ となります。

③を②に代入するとどうなりますか？

$$\int_a^x f(t)dt = F(x) - F(a) \quad \cdots ④ \quad となります。$$

それでは、④の x に b を代入したらどうなりますか？

$$\int_a^b f(t)dt = F(b) - F(a) \quad \cdots ⑤ \quad となります。$$

定積分の値は積分変数の名前に無関係（下図）ですから

$$\int_a^b f(t)dt = \int_a^b f(x)dx$$ ですね。これを⑤に代入すると……

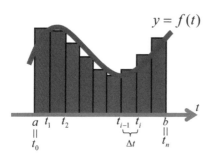

$$y = f(t)$$

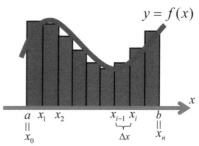

$$y = f(x)$$

$$\int_a^b f(t)dt = \lim_{n \to \infty} \sum_{i=1}^n f(t_i)\Delta t \qquad = \qquad \int_a^b f(x)dx = \lim_{n \to \infty} \sum_{i=1}^n f(x_i)\Delta x$$

$$\int_a^b f(x)dx = F(b) - F(a)$$ となります。つまり、①が出てきました。

①は $f(x)$ の原始関数が何か1つわかれば、定積分の計算は原始関数の値の引き算になることを示しています。これで、無限の和の計算から解放されましたね。

定積分の値は、原始関数がわかれば計算できるのか!!

原始関数を不定積分といい換えてもいいでしょう。

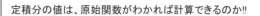

170

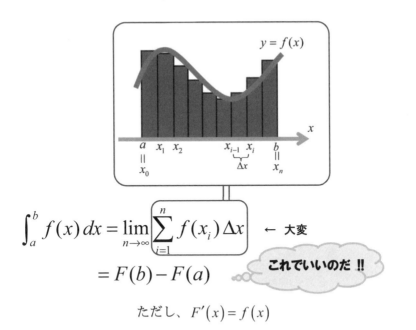

$$\int_a^b f(x)\,dx = \lim_{n\to\infty} \sum_{i=1}^n f(x_i)\,\Delta x \qquad \leftarrow 大変$$

$$= F(b) - F(a) \qquad これでいいのだ!!$$

ただし、$F'(x) = f(x)$

〔**解説**〕定積分は次のように無限の和（無限級数）として定義されました。

$$\int_a^b f(x)dx = \lim_{n\to\infty} \sum_{i=1}^n f(x_i)\Delta x = \lim_{n\to\infty}(f(x_1)\Delta x + f(x_2)\Delta x + \cdots + f(x_n)\Delta x)$$

　この計算は実際にはかなり大変です（§4-1）。ところが、微分積分学の基本定理により、定積分の計算は①のように、被積分関数 $f(x)$ の原始関数（不定積分）が求められれば、その関数に定積分の上端 b の値を代入したものから下端の値 a を代入したものを引くだけで求められるのです。

(注)　日本の高校の教科書では、①を定積分そのものの定義としています。しかし、この定義をもとに、積分をいろいろな分野に応用しようとするとつらいものがあります。

〔**例**〕　$\displaystyle\int_0^1 x^2 dx = \left[\frac{1}{3}x^3\right]_0^1 = \frac{1}{3}(1-0) = \frac{1}{3}$

4-12 不定積分の置換積分法

不定積分の計算において、積分変数を他の変数に置き換えて計算する
方法を不定積分の**置換積分法**という。

$f(x)$ に対して $F'(x) = f(x)$ である $F(x)$ が1つ見つかれば、
$\int f(x)dx = F(x) + C$ となり、$f(x)$ の不定積分が求められます。
しかし、任意の関数 $f(x)$ に対して $F(x)$ を求めることは困難です。

でも、関数によっては、何か特別なテクニックを使ってそ
の不定積分を求めることができませんか？

万能ではありませんが、被積分関数が $f(g(x))g'(x)$ という形をしていれ
ば「置換積分法」というテクニックが有効です。ここで、$f(g(x))$ は2つの関
数 $y = f(u)$、$u = g(x)$ の「**合成関数**」のことです。

置換積分法というのは「**合成関数の微分法**」と関係があるのですか？

$g(x)$ の値を、例えば t と置いてみましょう。つまり、$t = g(x)$ とすると、
$\dfrac{dt}{dx} = g'(x)$ より $dt = g'(x)dx$ （§2-24）となり次の関係が成立します。

$$\int f(g(x))g'(x)dx = \int f(t)dt$$

表現が変わり、その結果、不定積分が求められることになります。

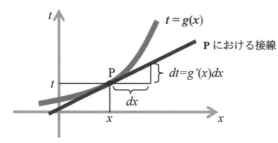

（積分変数 **x**）

$$\int f(g(x))g'(x)dx$$

（積分変数 **t**）

$$\int f(t)dt$$

$g(x)=t$ と置換

（このとき、$g'(x)dx=dt$）

ここがポイント

$t = g(x)$

P における接線

P

$dt=g'(x)dx$

dx

〔解説〕 $g(x)=t$ を x で微分して $g'(x)=\dfrac{dt}{dx}$ となります。この式の両辺

に dx を掛けて $g'(x)dx=dt$ を得ます（§2-24）。これは変数 x と変数 t の

微小変化の割合を関係づける式です。

〔例〕 $\displaystyle\int x\left(x^2-1\right)^3 dx$ は $x^2-1=t$ と置換（このとき、$2xdx=dt$）すると、

$$\int x\left(x^2-1\right)^3 dx = \int \frac{1}{2}\left(x^2-1\right)^3 2xdx = \int \frac{1}{2}t^3 dt = \frac{1}{8}t^4 + C = \frac{1}{8}\left(x^2-1\right)^4 + C$$

（注） 例えば、$y=f(u)=u^4$、$u=g(x)=x^2-1$ とみなせば、

$y=f(u)=u^4=(x^2-1)^4$ となります。したがって、「合成関数の微分法」より、

$\dfrac{dy}{dx}=\dfrac{dy}{du}\dfrac{du}{dx}=4u^3 2x=4(x^2-1)^3 2x$ ゆえに $\displaystyle\int 4\left(x^2-1\right)^3 2xdx=(x^2-1)^4+C$

よって、$\displaystyle\int\left(x^2-1\right)^3 xdx=\dfrac{1}{8}(x^2-1)^4+C$

これが太郎君のいう合成関数の微分法の見方です。

4-13 定積分の置換積分法

定積分の計算において、積分変数を他の変数に置き換えて計算する方法を定積分の**置換積分法**という。

不定積分 $\int f(g(x))g'(x)dx$ は、$t = g(x)$ と置換すると $dt = g'(x)dx$ より $\int f(t)dt$ とシンプルな形に書き換えられます。つまり、$\int f(g(x))g'(x)dx = \int f(t)dt$

それでは定積分の場合にどうなりますか？

原理はまったく同じです。$\int_a^b f(g(x))g'(x)dx$ において、不定積分のように、$t = g(x)$ と置換すると $dt = g'(x)dx$ となります。

下端 a、上端 b はどうなりますか？

a, b は積分変数が x のときの下端、上端の値です。したがって、$t = g(x)$ と置換することによって、積分変数を t に変えるわけですから、当然、a は $\alpha = g(a)$ に、b は $\beta = g(b)$ に変化します。つまり、$t = g(x)$ と置換することによって
$$\int_a^b f(g(x))g'(x)dx \text{ は } \int_\alpha^\beta f(t)dt \text{ となります。}$$

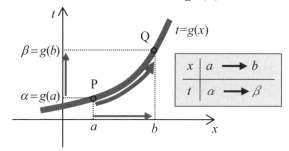

$$\int_a^b f\big(g(x)\big)g'(x)dx \quad \Longleftrightarrow \quad \int_\alpha^\beta f(t)dt$$

（積分変数 x ）　　　　　　　（積分変数 t ）

$$g(x)=t \quad \text{と置換}$$

$$\big(\ \text{このとき、}\ g'(x)dx=dt\ \big)$$

〔**解説**〕　積分変数を他の変数に置換したら、もとの積分変数のとる値の範囲は新たな積分変数の範囲に引き継がれることに注意しましょう。

〔**例**〕

(1) $\displaystyle\int_1^2 x\left(x^2-1\right)^3 dx = \int_1^2 \frac{1}{2}\left(x^2-1\right)^3 2x\,dx = \int_0^3 \frac{1}{2}t^3 dt = \left[\frac{t^4}{8}\right]_0^3 = \frac{81}{8}$

$t=x^2-1$ 　（このとき、$dt=2x\,dx$ ）

(2) $\displaystyle\int_0^1 \sqrt{1-x^2}\,dx = \int_0^{\frac{\pi}{2}} \sqrt{1-\sin^2\theta}\,\cos\theta\,d\theta = \int_0^{\frac{\pi}{2}} \cos^2\theta\,d\theta$

$x=\sin\theta$ 　（このとき、$dx=\cos\theta\,d\theta$ ）

$\displaystyle= \int_0^{\frac{\pi}{2}} \frac{1+\cos 2\theta}{2}\,d\theta = \frac{1}{2}\left[\theta + \frac{\sin 2\theta}{2}\right]_0^{\frac{\pi}{2}} = \frac{\pi}{4}$

4-14 不定積分の部分積分法

2つの関数の積の関数を積分するとき、下記の式を利用して不定積分を求める方法を**部分積分法**という。

$$\int f'(x)g(x)dx = f(x)g(x) - \int f(x)g'(x)dx \quad \cdots ①$$

レッスン

一般に関数 $f(x)$ の不定積分を具体的に求めることは困難ですが、置換積分法を使うと不定積分を求める範囲を広げることができました（§4-12）。

置換積分法の他にも、何か有効なテクニックがありませんか？

もう1つ、「部分積分法」というスゴ技テクニックがあります。この方法はまさしく、「積の微分法」（§2-12）を逆に利用するものです。

「積の微分法」とは $\{f(x)g(x)\}' = f'(x)g(x) + f(x)g'(x)$ ですよね。

$F'(x) = f(x)$ であれば、$\int f(x)dx = F(x) + C$ ですね。

だから $\int \{f'(x)g(x) + f(x)g'(x)\}dx = f(x)g(x) + C$

別々に積分すると、$\int f'(x)g(x)dx + \int f(x)g'(x)dx = f(x)g(x)+C$
これから①式が導かれるのですね。

①式に積分定数 C がないのは、①の両辺に $\int$ があるからです。

$$\left(uv\right)' = u'v + uv'$$

積分する

微分する

$$uv = \int u'v + \int uv'$$

〔解説〕 微分法の１つに「積の微分法」（§2-12）があります。これを積分に利用したのが、①の「部分積分法」の公式です。<u>微分と積分はお互いに逆の演算である</u>ことを利用しています。なお、①を覚えるには、

$\int u'v = uv - \int uv'$ と本質だけを表現した式を利用するといいでしょう。

〔例〕

$$\int x\cos xdx = \int (\cos x)xdx = \int (\sin x)'xdx = (\sin x)x - \int (\sin x)x'dx$$
$$= (\sin x)x - \int \sin xdx = x\sin x + \cos x + C$$

ここでは、①において $f'(x) = \cos x$, $g(x) = x$ とみなしています。

4-15 定積分の部分積分法

区間 $[a, b]$ において $f(x), g(x)$ が微分可能で、かつ、$f'(x), g'(x)$ が連続であるとき、

$$\int_a^b f'(x)g(x)dx = \left[f(x)g(x) \right]_a^b - \int_a^b f(x)g'(x)dx \quad \cdots ①$$

$$\left\{ f(x)g(x) \right\}' = f'(x)g(x) + f(x)g'(x) \ \text{より}$$
$$\int \left\{ f'(x)g(x) + f(x)g'(x) \right\} dx = f(x)g(x) + C$$

$f'(x)g(x) + f(x)g'(x)$ の不定積分の1つが $f(x)g(x)$
ということですから、
$$\int_a^b \{ f'(x)g(x) + f(x)g'(x) \} dx = \left[f(x)g(x) \right]_a^b$$

スゴい！ よくできました。定積分は別々に和をとれるので、
$$\int_a^b f'(x)g(x)dx + \int_a^b f(x)g'(x)dx = \left[f(x)g(x) \right]_a^b \quad \cdots ②$$

$\int_a^b f(x)g'(x)dx$ を右辺に移項すれば①式を得るのですね。

定積分の部分積分法は、前節と同じように微分と積分がお互いに逆の演算であることから導かれるのです。

$$\left(uv\right)' = u'v + uv'$$

$$\int_a^b \left(u'v + uv'\right)dx = \left[uv\right]_a^b$$

〔解説〕 $(uv)' = u'v + uv'$ より $u'v + uv'$ の不定積分は uv です。よって、

$\int_a^b (u'v + uv')\,dx = [uv]_a^b$ となります。ただし、u、v は x の関数です。

これを $f(x), g(x)$ で書き換えて①を得ます。なお、②式において

$\int_a^b f'(x)g(x)dx$　を右辺に移項すれば次の③式を得ます。

$$\int_a^b f(x)g'(x)dx = \left[f(x)g(x)\right]_a^b - \int_a^b f'(x)g(x)dx \quad \cdots ③$$

〔例〕

(1) $\displaystyle\int_0^\pi x\sin x\,dx = \int_0^\pi x(-\cos x)'\,dx = \left[-x\cos x\right]_0^\pi - \int_0^\pi (-\cos x)\,dx = \pi + \left[\sin x\right]_0^\pi = \pi$

(2) $\displaystyle\int_1^2 \log_e x\,dx = \int_1^2 x'\log_e x\,dx = \left[x\log_e x\right]_1^2 - \int_1^2 x\frac{1}{x}\,dx = \left[x\log_e x\right]_1^2 - \left[x\right]_1^2$

$= 2\log_e 2 - \log_e 1 - \left(2 - 1\right) = 2\log_e 2 - 1$

4-16 定積分の定義の拡張

(1) 関数 $f(x)$ が区間 $(a,b]$ で連続で、$x = a$ で不連続であるとき、$\displaystyle \lim_{\varepsilon \to +0} \int_{a+\varepsilon}^{b} f(x)dx$ を考え、この極限値を a から b までの $f(x)$ の定積分と定め $\displaystyle \int_{a}^{b} f(x)dx$ と書く。すなわち、$\displaystyle \int_{a}^{b} f(x)dx = \lim_{\varepsilon \to +0} \int_{a+\varepsilon}^{b} f(x)dx$

(2) 関数 $f(x)$ が区間 $[a,\infty)$ で連続であるとき、$\displaystyle \lim_{b \to \infty} \int_{a}^{b} f(x)dx$ を考え、この極限値を a から ∞ までの $f(x)$ の定積分と定め $\displaystyle \int_{a}^{\infty} f(x)dx$ と書く。すなわち、$\displaystyle \int_{a}^{\infty} f(x)dx = \lim_{b \to \infty} \int_{a}^{b} f(x)dx$

レッスン

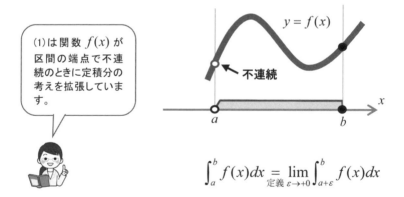

(1)は関数 $f(x)$ が区間の端点で不連続のときに定積分の考えを拡張しています。

$y = f(x)$

← 不連続

$$\int_{a}^{b} f(x)dx \underset{\text{定義}}{=} \lim_{\varepsilon \to +0} \int_{a+\varepsilon}^{b} f(x)dx$$

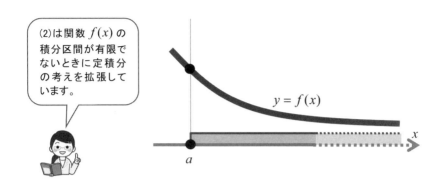

（2）は関数 $f(x)$ の
積分区間が有限で
ないときに定積分
の考えを拡張して
います。

$y = f(x)$

$$\int_a^\infty f(x)dx \underset{\text{定義}}{=} \lim_{b \to \infty} \int_a^b f(x)dx$$

〔**解説**〕 定積分の大前提は積分区間は有限な閉区間で、そこでは $f(x)$ が連続ということでした。この条件を緩和して関数 $f(x)$ が不連続であるときにも、また、積分区間が有限でないときにも定積分の考えを拡張したのが(1)、(2)というわけです。これらの積分を**広義積分**といいます。

なお、(1)、(2)は次のように一般化できます。

(1)の場合

区間 $[a,b)$ で連続で、$x = b$ で不連続であるとき

$$\int_a^b f(x)dx = \lim_{\varepsilon \to +0} \int_a^{b-\varepsilon} f(x)dx$$

$[a,b]$ 内の 1 点 c において $f(x)$ が不連続であるとき

$$\int_a^b f(x)dx = \lim_{\varepsilon \to +0} \int_a^{c-\varepsilon} f(x)dx + \lim_{\varepsilon \to +0} \int_{c+\varepsilon}^b f(x)dx$$

(注) この考えは $[a,b]$ 内に $f(x)$ が不連続な点が有限個ある場合にも適用できます。無限個ある場合は**ルベーグ積分**という積分理論がカバーします。

(2) の場合

$$\int_{-\infty}^{b} f(x)dx = \lim_{a \to -\infty} \int_{a}^{b} f(x)dx$$

$$\int_{-\infty}^{\infty} f(x)dx = \lim_{\substack{a \to -\infty \\ b \to \infty}} \int_{a}^{b} f(x)dx$$

〔例1〕 $\displaystyle\int_{0}^{1} \frac{dx}{\sqrt{x}} = \lim_{\varepsilon \to +0} \int_{0+\varepsilon}^{1} \frac{dx}{\sqrt{x}} = \lim_{\varepsilon \to +0} \left[2\sqrt{x} \right]_{\varepsilon}^{1} = \lim_{\varepsilon \to +0} 2\left(1 - \sqrt{\varepsilon}\right) = 2$

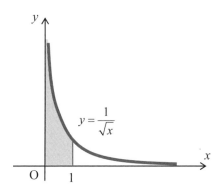

〔例〕 $a > 0$ のとき $\displaystyle\int_{a}^{\infty} \frac{dx}{x^2} = \lim_{b \to \infty} \int_{a}^{b} \frac{dx}{x^2} = \lim_{b \to \infty} \left[-\frac{1}{x} \right]_{a}^{b} = \lim_{b \to \infty} \left(-\frac{1}{b} + \frac{1}{a} \right) = \frac{1}{a}$

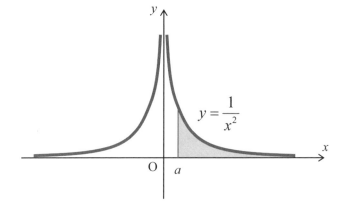

なお、$a > 0$ のとき

$$\int_a^\infty \frac{dx}{x} = \lim_{b \to \infty} \int_a^b \frac{dx}{x} = \lim_{b \to \infty} \left[\log x\right]_a^b = \lim_{b \to \infty} \left(\log b - \log a\right) = \infty - \log a = \infty$$

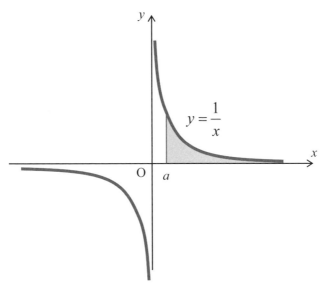

$\displaystyle \int_a^\infty \frac{dx}{x}$ が下図の網掛け部分の面積であることと、下図の長方形の面積

の和に着目すると、

$$\int_1^\infty \frac{dx}{x} < 1 + \frac{1}{2} + \frac{1}{3} + \cdots + \frac{1}{n} + \cdots\cdots$$

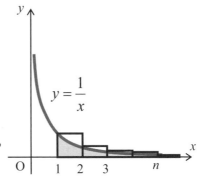

が成立します。

$n \to \infty$ のとき $\displaystyle \int_a^\infty \frac{dx}{x} = \infty$ より

$$1 + \frac{1}{2} + \frac{1}{3} + \frac{1}{4} + \cdots + \frac{1}{n} + \cdots\cdots \to \infty$$

となることがわかります。

置換積分、部分積分などを利用することにより、次の不定積分の公式を導くことができます。ただし、積分定数 C は省略されています。

(1) $\displaystyle\int k\,dx = kx$

(2) $\displaystyle\int x^{\alpha}\,dx = \frac{x^{\alpha+1}}{\alpha+1}\quad(\alpha \neq -1)$

(3) $\displaystyle\int \frac{1}{x}\,dx = \log|x|$

(4) $\displaystyle\int \sin x\,dx = -\cos x$

(5) $\displaystyle\int \cos x\,dx = \sin x$

(6) $\displaystyle\int \sec^2 x\,dx = \tan x$

(7) $\displaystyle\int \mathrm{cosec}^2 x\,dx = -\cot x$

(8) $\displaystyle\int e^x\,dx = e^x$

(9) $\displaystyle\int a^x\,dx = \frac{a^x}{\log a}$

(10) $\displaystyle\int \log x\,dx = x(\log x - 1)$

(11) $\displaystyle\int \log_a x\,dx = \frac{x(\log x - 1)}{\log a}$

(12) $\displaystyle\int \tan x\,dx = -\log|\cos x|$

(13) $\displaystyle\int \cot x\,dx = \log|\sin x|$

(14) $\displaystyle\int \frac{1}{x^2 - a^2}\,dx = \frac{1}{2a}\log\left|\frac{x-a}{x+a}\right|$

(15) $\displaystyle\int \frac{1}{\cos x}\,dx = \frac{1}{2}\log\left|\frac{\sin x + 1}{\sin x - 1}\right|$

(16) $\displaystyle\int \frac{1}{\sin x}\,dx = \log\left|\tan\frac{x}{2}\right|$

(17) $\displaystyle\int \frac{1}{1+x^2}\,dx = \tan^{-1} x$

(18) $\displaystyle\int \frac{1}{\sqrt{1-x^2}}\,dx = \sin^{-1} x$

(19) $\displaystyle\int \frac{1}{\sqrt{x^2 + A}}\,dx = \log\left|x + \sqrt{x^2 + A}\right|$

(20) $\displaystyle\int \sqrt{x^2 + A}\,dx = \frac{1}{2}\left(x\sqrt{x^2 + A} + A\log\left|x + \sqrt{x^2 + A}\right|\right)$

第5章 積分の応用

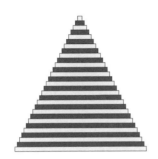 

積分の考え方の基本は「対象を分割してそれらの和を計算すること」です。この章では積分のこの考え方を応用する力を、面積や体積、曲線の長さなどを例にして、身につけることにしましょう。

5-1 いろいろな面積を定積分で表現

いろいろな面積が $\int_a^b f(x)\,dx$ を用いて求められる。

$[a, b]$ で $f(x) \geqq 0$ のとき $\int_a^b f(x)dx$ …①

をもって下図の「曲線の下の部分」の面積と定義しました(§4-4)。

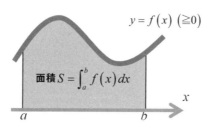

$y = f(x) \ (\geqq 0)$

面積 $S = \int_a^b f(x)\,dx$

a　　　　b　　x

$[a, b]$ で $f(x) \leqq 0$ の場合はどうなりますか?

そのときは x 軸を中心に折り返せばいいのです。すると、
$y = -f(x)$ は 0 以上
となるのでグレー部分の面積は
$$\int_a^b -f(x)dx = -\int_a^b f(x)dx$$
…② となります。

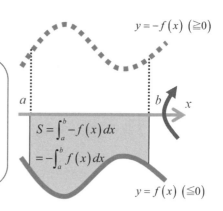

$y = -f(x) \ (\geqq 0)$

a　　　　　　　b　　x

$S = \int_a^b -f(x)\,dx$
$= -\int_a^b f(x)\,dx$

$y = f(x) \ (\leqq 0)$

それでは、下図の $y = f(x)$ と $y = g(x)$ （ $f(x) \geqq g(x)$ ）で挟まれたグレー部分の面積はどうなりますか？

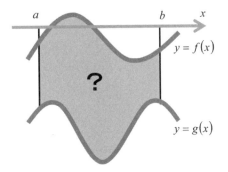

そのときは、y 軸方向に適当な量 **C** だけ**平行移動**すれば、グラフはともに x 軸より上に位置することになります。したがって、①を使って x 軸と挟まれた各々の面積を求めて差を取れば、

$$\int_a^b \{f(x) + C\} \, dx - \int_a^b \{g(x) + C\} \, dx = \int_a^b \{f(x) - g(x)\} \, dx \quad \cdots ③$$

となります。

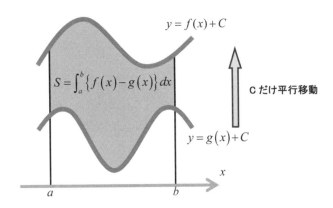

つまり、$\displaystyle\int_a^b \left(上-下\right)dx$ を計算すればいいのですね。

下図のように、$y = f(x)$ と $y = g(x)$ が複雑に交差しているときのグレー部分の面積は、区間を分割して上から下を引いて積分すればいいのです。

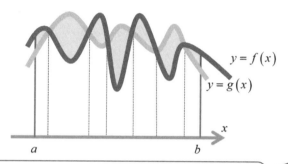

$y = f(x)$

$y = g(x)$

x

a　　　　b

「上から下を引く」ということは、0 以上にするということですから、絶対値記号を使えば $\displaystyle S = \int_a^b \left| f(x) - g(x) \right| dx$ と書けますね。

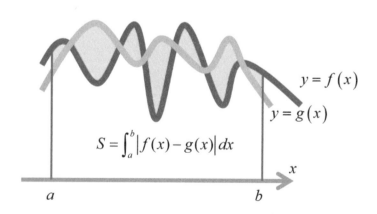

$y = f(x)$

$y = g(x)$

$$S = \int_a^b \left| f(x) - g(x) \right| dx$$

x

a　　　　　　　　b

〔**解説**〕 区間 $[a, b]$ において $f(x) \geqq 0$ のとき、$\int_a^b f(x)dx$ の値を $y = f(x)$ のグラフと x 軸、それに 2 直線 $x = a$、$x = b$ とで囲まれた図形の面積と定義しました（§4-4）。このことを用いれば、いろいろな図形の面積を求めることができます。

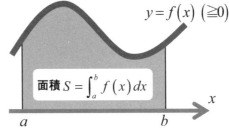

$$y = f(x) \ (\geqq 0)$$

$$面積 \ S = \int_a^b f(x)\,dx$$

〔**例**〕 下図のように 2 つの放物線

$$y = ax^2 + bx + c \quad (a > 0)$$
$$y = px^2 + qx + r \quad (p > 0)$$

で囲まれた図形の面積 S は、

$$S = \int_\alpha^\beta \left\{ (px^2 + qx + r) - (ax^2 + bx + c) \right\} dx$$

ただし、α β は 2 次方程式 $ax^2 + bx + c = px^2 + qx + r$ の実数解で、$\alpha < \beta$ とする。

(注) 実際に S を計算すると、次のようになる。

$$S = \int_\alpha^\beta (p-a)(x-\alpha)(x-\beta)dx$$
$$= (p-a)\int_\alpha^\beta (x-\alpha)(x-\beta)dx$$
$$= (p-a)\left\{ -\frac{(\beta-\alpha)^3}{6} \right\}$$
$$= \frac{(a-p)(\beta-\alpha)^3}{6}$$

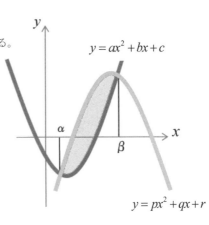

$y = ax^2 + bx + c$

$y = px^2 + qx + r$

5-2 関数の偶・奇と定積分

(1) $f(x)$ が偶関数であれば $\displaystyle\int_{-a}^{a} f(x)\,dx = 2\int_{0}^{a} f(x)\,dx$

(2) $f(x)$ が奇関数であれば $\displaystyle\int_{-a}^{a} f(x)\,dx = 0$

 レッスン

積分 $\displaystyle\int_{a}^{b} f(x)\,dx$ の計算は通常は大変です。そのため、積分計算がラクになる方法は、すごくありがたいのです。

そんな方法があるのですか？

 もし、$f(x)$ が奇関数か偶関数であれば、積分 $\displaystyle\int_{-a}^{a} f(x)\,dx$ の計算はかなりラクになります。これらの関数、覚えていますか？

はい。「奇関数」とは任意の x について $f(-x) = -f(x)$ を満たす関数のことで、「偶関数」とは $f(-x) = f(x)$ を満たす関数のことでした。グラフで見れば、奇関数は原点対称、偶関数は y 軸対称になっています。

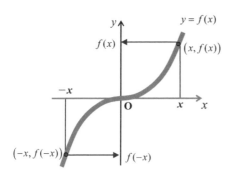

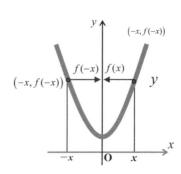

となれば、$S = \int_0^a f(x)dx$ とすると $\int_{-a}^0 f(x)dx$ が奇関数の場合は $-S$、偶関数の場合は S になるので冒頭の (1)、(2) の成立が納得できますね。

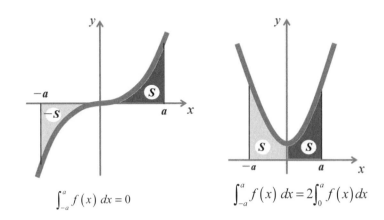

$$\int_{-a}^a f(x)\,dx = 0 \qquad \int_{-a}^a f(x)\,dx = 2\int_0^a f(x)\,dx$$

〔**解説**〕　定積分の計算は多くの場合、とても大変です。しかし、定積分の「下端か上端が 0 の場合」は計算がラクになります。関数 $f(x)$ が偶関数だったり奇関数の場合には、このことが実現する可能性があります。この公式は微分・積分では頻繁に使われます。上記の公式の成立理由は、区間 $[a,b]$ で $f(x) \geqq 0$ の場合、$\int_a^b f(x)\,dx$ は $y = f(x)$ と x 軸によって囲まれた図形の面積を、$f(x) < 0$ の場合、$y = f(x)$ と x 軸によって囲まれた図形の面積にマイナスをつけた値になることから理解できます。

〔**例**〕　$\displaystyle\int_{-a}^a x^{2n+1}dx = 0 \qquad \int_{-a}^a x^{2n}dx = 2\int_0^a x^{2n}dx \qquad$ （n は整数）

$\displaystyle\int_{-a}^a \sin x dx = 0 \qquad \int_{-a}^a \cos x dx = 2\int_0^a \cos x dx$

5-3 媒介変数表示された場合の面積と定積分

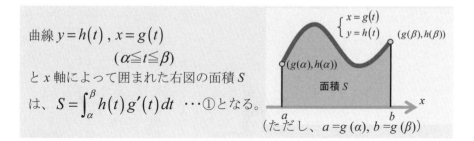

曲線 $y = h(t)$, $x = g(t)$

$\qquad (\alpha \le t \le \beta)$

と x 軸によって囲まれた右図の面積 S

は、$S = \displaystyle\int_{\alpha}^{\beta} h(t) g'(t) dt$ …①となる。

（ただし、$a = g(\alpha)$, $b = g(\beta)$）

レッスン

関数 $y = f(x)$ のグラフと x 軸によって挟まれた下図の図形の面積は

$\displaystyle\int_{a}^{b} f(x) dx$ でした。しかし、今度は何だかむずかしそうです。

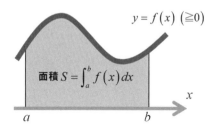

$y = f(x) \ (\ge 0)$

面積 $S = \displaystyle\int_{a}^{b} f(x) dx$

先に学んだ置換積分の考え方を使えば、簡単です。つまり、

$\displaystyle\int_{a}^{b} y dx = \int_{a}^{b} f(x) dx$ において、変数 x を $x = g(t)$ によって変数 t に置換

したと考えるのです。このとき、y は t を使って $y = f(x) = f(g(t))$ となります。これが $y = h(t)$ なのです。

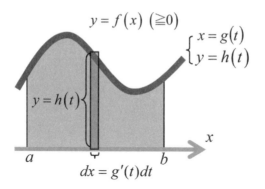

$$S = \int_a^b \boxed{y}\, \boxed{dx} = \int_\alpha^\beta \boxed{h(t)}\, \boxed{g'(t)dt}$$

タ　ヨ　　　　タ　ヨ
テ　コ　　　　テ　コ

〔**解説**〕　面積 S は $\int_a^b ydx$ によって求められます。これに $y = h(t)$ ，

$x = g(t)$ という「置換積分」をすれば①が得られます。

〔**例**〕　$y = \sin\theta$ ， $x = \cos\theta$ は原点中心、半径 1 の円上の点を表わす。

よって、半径 1 の半円の面積は、

$$S = \int_{-1}^1 ydx = \int_\pi^0 \sin\theta(-\sin\theta d\theta) = \int_0^\pi \sin^2\theta d\theta$$

$$= \frac{1}{2}\int_0^\pi (1-\cos 2\theta)\,d\theta = \frac{1}{2}\left[\theta - \frac{\sin 2\theta}{2}\right]_0^\pi = \frac{\pi}{2}$$

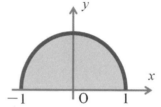

5-4 極座標の場合の面積と定積分

曲線 $r = f(\theta)$ と直線 $\theta = \alpha$, $\theta = \beta$ によっ
て囲まれた右図の面積 S は、

$$S = \frac{1}{2}\int_{\alpha}^{\beta} r^2 d\theta = \frac{1}{2}\int_{\alpha}^{\beta} \{f(\theta)\}^2 d\theta$$

ただし、$0 < \beta - \alpha \leqq 2\pi$

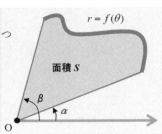

レッスン

平面上に1点 O（極という）と、O から出る半直線 Ox（始線という）を考えると、この平面上の任意の点 P の位置は、原点からの距離 r と始線からの回転角 θ を用いて (r, θ) と表現できます。これを点 P の「極座標」といいます。

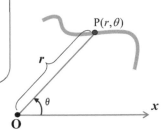

極 O からの距離 r が θ の関数であれば、θ が決まれば r が決まり点 P の極座標 (r, θ) が決まるというわけですね。

関数 $y = f(x)$ のグラフと x 軸によって挟まれた図形の面積 S は

$$S = \lim_{n \to \infty}\{f(x_1)\Delta x + f(x_2)\Delta x + \cdots + f(x_i)\Delta x + \cdots + f(x_n)\Delta x\}$$

つまり、$\displaystyle\lim_{n \to \infty}\sum_{i=1}^{n} f(x_i)\Delta x$ のことで、これを $\displaystyle\int_a^b f(x)dx$ と表わしました（次ページ左図）。

すると、曲線 $r = f(\theta)$ と直線 $\theta = \alpha$，$\theta = \beta$ によって囲まれた下右図の面積 S は、回転角が変化した部分を細かく分割して考えることになりますね。

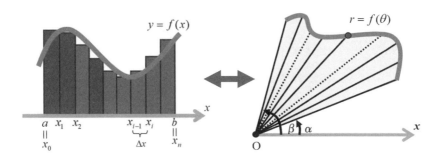

 回転角が α から β まで変化したのだから、$\Delta\theta = \dfrac{\beta - \alpha}{n}$ として、分割された個々の微小図形を扇形の面積 $\dfrac{1}{2}r_i^2\Delta\theta$　で近似します（＜MEMO＞参照）。

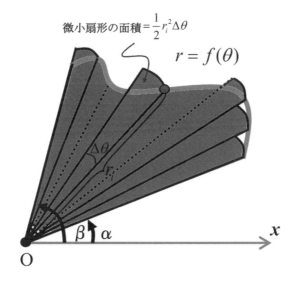

微小扇形の面積 $= \dfrac{1}{2}r_i^2\Delta\theta$

$r = f(\theta)$

すると、n 個の微小扇形の面積の和は次のようになります。

$$\frac{1}{2}r_1^2\Delta\theta+\frac{1}{2}r_2^2\Delta\theta+\cdots+\frac{1}{2}r_i^2\Delta\theta+\cdots+\frac{1}{2}r_n^2\Delta\theta=\sum_{i=1}^{n}\frac{1}{2}r_i^2\Delta\theta\cdots①$$

分割を限りなく細かく、つまり、$n\to\infty$ としたとき、①が近づく値が面積 S ですから $S=\lim_{n\to\infty}\sum_{i=1}^{n}\frac{1}{2}r_i^2\Delta\theta$ となります。これは積分の定義（§4-1）から $S=\frac{1}{2}\int_\alpha^\beta r^2 d\theta=\frac{1}{2}\int_\alpha^\beta\{f(\theta)\}^2 d\theta$ と書けます。

〔**解説**〕 $\Delta\theta=\dfrac{\beta-\alpha}{n}$ として、求めたい図形の面積 S を前ページの図のように中心角が $\Delta\theta$ の n 個の微小扇形の和で近似します。つまり、

$$\frac{1}{2}r_1^2\Delta\theta+\frac{1}{2}r_2^2\Delta\theta+\cdots+\frac{1}{2}r_i^2\Delta\theta+\cdots+\frac{1}{2}r_n^2\Delta\theta$$

$$ただし、\ r_i=f\big(\alpha+(i-1)\Delta\theta\big)$$

ここで、角の分割をドンドン細かくしていくと、つまり、$n\to\infty$ とすると、定積分の考え方（§4-1）から、

$$S=\lim_{n\to\infty}\sum_{i=1}^{n}\frac{1}{2}r_i^2\Delta\theta=\int_\alpha^\beta\frac{1}{2}r^2 d\theta=\frac{1}{2}\int_\alpha^\beta r^2 d\theta=\frac{1}{2}\int_\alpha^\beta\{f(\theta)\}^2 d\theta$$

を得ます。

〔**例**〕　心臓形 $r = a(1 - \cos\theta)$ $(0 \leqq \theta \leqq 2\pi)$ で囲まれた図形の面積 S を求めてみましょう。ただし、$a > 0$ とする。

$$
\begin{aligned}
S &= \frac{1}{2}\int_0^{2\pi} r^2 d\theta \\
&= \frac{1}{2}\int_0^{2\pi} \{f(\theta)\}^2 d\theta \\
&= \frac{1}{2}\int_0^{2\pi} a^2(1 - \cos\theta)^2 d\theta \\
&= \frac{a^2}{2}\int_0^{2\pi} (1 - 2\cos\theta + \cos^2\theta)d\theta \\
&= \frac{a^2}{2}\int_0^{2\pi} \left(1 - 2\cos\theta + \frac{1 + \cos 2\theta}{2}\right)d\theta \\
&= \frac{a^2}{2}\left[\frac{3}{2}\theta - 2\sin\theta + \frac{1}{4}\sin 2\theta\right]_0^{2\pi} \\
&= \frac{3}{2}\pi a^2
\end{aligned}
$$

$-2a$ 　　O 　　x

（注）　半角の公式より $\cos^2\theta = \dfrac{1 + \cos 2\theta}{2}$

＜MEMO＞　扇形の面積

中心角 θ 、半径 r の扇形の面積 S は $\dfrac{1}{2}r^2\theta$ です。

この式は、円の中心角は 2π で面積が πr^2 であることと、扇形の中心角と面積が比例することから成立する比例式 $2\pi : \theta = \pi r^2 : S$ より求めることができます。

5-5 体積と定積分

空間にある立体を、x 軸に垂直な平面で切ったときの断面積を $S(x)$ とする。このとき、立体の体積 V は $\displaystyle\int_a^b S(x)\,dx$ となる。ただし、この立体は区間 $[a,\ b]$ に存在するものとする。

レッスン

積分を用いていろいろな面積を求めました。今度は体積に挑戦しましょう。まずは、冒頭の文章を図で表現しましょう。

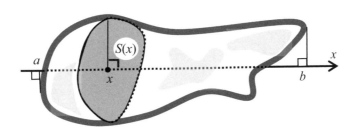

確か、面積のときには、曲線で囲まれた部分を微小長方形の和で近似し（下図）、その極限を考えました。体積の場合はどうするのですか？

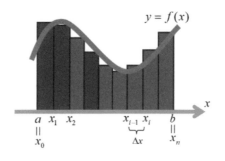

ハムをスライスするように、立体を軸に垂直に細かく分割し、各区間の立体を底面積が $S(x_i)$、高さ（厚さ）が Δx の板で近似して加え、その極限をとるのです。

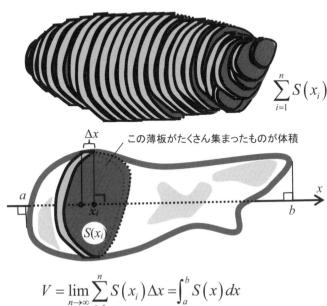

$$\sum_{i=1}^{n} S(x_i) \Delta x$$

Δx

この薄板がたくさん集まったものが体積

$S(x_i)$

$$V = \lim_{n \to \infty} \sum_{i=1}^{n} S(x_i) \Delta x = \int_a^b S(x) dx$$

〔解説〕 立体が存在する区間 $[a, b]$ を n 等分し、立体を厚さ Δx の n 枚の板に分割し、各板を断面積 $S(x_i)$、高さ（厚さ）Δx の立体と見なし、この体積を加えたものを考えます。つまり、

$$S(x_1)\Delta x + S(x_2)\Delta x + \cdots + S(x_n)\Delta x = \sum_{i=1}^{n} S(x_i) \Delta x \quad \cdots ①$$

ここで、分割を限りなく細かくしたとき（つまり、n を限りなく大きくしたとき）、①が一定の値に近づけば、その値をこの立体の体積 V と定義します。①の極限値が、まさしく、$\displaystyle\int_a^b S(x) dx$ なのです（§4-1）。

5-6 回転体の体積と定積分

$y = f(x)$ のグラフが x 軸を中心に、区間 $[a, b]$ 部分で回転してできる立体の体積は $V = \int_a^b \pi \{f(x)\}^2 \, dx$ …① である。

回転体の体積は積分を使うと、簡単に求めることができます。

確か、立体の体積は、立体に刺した軸に垂直な断面の面積 $S(x)$ がわかれば、それをグラフが存在する区間 $[a, b]$ で積分すれば求められましたよね。

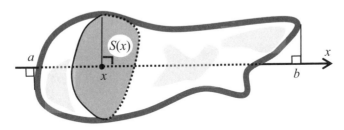

$$V = \int_a^b S(x) \, dx$$

一般には断面積 $S(x)$ を求めるのは大変ですが、回転体の場合、断面積は円だから簡単に求められ、冒頭の①の公式を得られるのです。

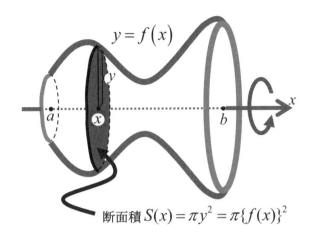

$$\text{断面積}\ S(x) = \pi y^2 = \pi \{f(x)\}^2$$

〔解説〕 立体が回転体の場合には回転軸を x 軸と見なせば、x 軸に垂直に切った切り口は半径 y の円になります。したがって、断面積 $S(x)$ は $\pi y^2 = \pi \{f(x)\}^2$ と簡単に求められます。つまり、関数 $y = f(x)$ のグラフが x 軸を中心に回転してできる立体の体積は、次の式で得ることができます。

$$V = \int_a^b \pi y^2 dx = \int_a^b \pi \{f(x)\}^2 \, dx$$

ただし、関数のグラフは区間 $[a, b]$ で考えることにします。

〔例〕 半径 r の球は半円 $y = \sqrt{r^2 - x^2}$ を

x 軸の周りに回転させたものと考えられます。よって、その体積は

$$V = \int_{-r}^r \pi y^2 dx = \int_{-r}^r \pi \left(r^2 - x^2 \right) dx = \frac{4}{3} \pi r^3$$

となります。

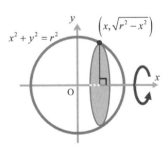

5-7　曲線の長さと定積分

$y = f(x)$ のグラフの区間 $[a, b]$ 部分の曲線の長さ L は次の式で求められる。$L = \int_a^b \sqrt{1 + \left\{ f'(x) \right\}^2} \, dx$ …①

レッスン

面積と積分、体積と積分の関係を調べてきましたが、今度は、曲線の長さと積分の関係を調べてみましょう。

座標平面上の線分 AB の長さなら、ピタゴラスの定理から僕にでも求めることができます。下図の場合、三角形 ABC が直角三角形だから $AB^2 = AC^2 + CB^2$ です。したがって、$AB = \sqrt{(x_2 - x_1)^2 + (y_2 - y_1)^2}$

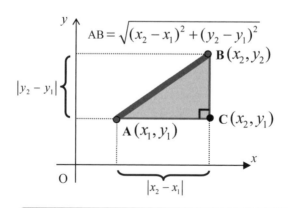

$AB = \sqrt{(x_2 - x_1)^2 + (y_2 - y_1)^2}$

それだけ知っていれば十分。曲線を n 分割し、個々の部分を線分で置き換え、これら n 個の線分の和 S_n を作ります。その後、分割を限りなく細かくしたときの S_n の極限値を求めればいいのです。

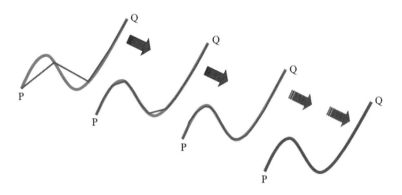

原理はわかりました。積分は和の極限なので、僕でも曲線の長さの公式が作れそうです。ただし、区間 $[a, b]$ を n 等分してみました。

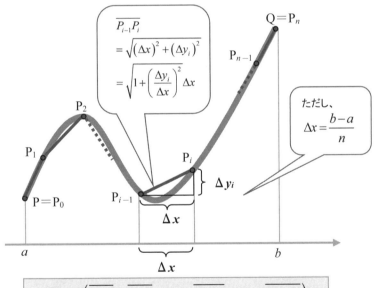

$$\overline{P_{i-1}P_i}$$
$$= \sqrt{(\Delta x)^2 + (\Delta y_i)^2}$$
$$= \sqrt{1 + \left(\frac{\Delta y_i}{\Delta x}\right)^2} \Delta x$$

ただし、
$$\Delta x = \frac{b-a}{n}$$

$$L = \lim_{n \to \infty} \left(\overline{P_0 P_1} + \overline{P_1 P_2} + \cdots + \overline{P_{i-1}P_i} + \cdots + \overline{P_{n-1}P_n} \right)$$
$$= \lim_{n \to \infty} \sum_{i=1}^{n} \sqrt{1 + \left(\frac{\Delta y_i}{\Delta x}\right)^2} \Delta x = \int_a^b \sqrt{1 + \left\{f'(x)\right\}^2} dx$$

〔**解説**〕 Δx は区間 $[a,\ b]$ を n 等分した値です。したがって、

$$\lim_{n \to \infty}\left(\overline{P_0 P_1} + \overline{P_1 P_2} + \cdots + \overline{P_{i-1} P_i} + \cdots + \overline{P_{n-1} P_n}\right) = \lim_{n \to \infty}\sum_{i=1}^{n}\overline{P_{i-1} P_i} = \lim_{n \to \infty}\sum_{i=1}^{n}\sqrt{1 + \left(\frac{\Delta y_i}{\Delta x}\right)^2}\,\Delta x$$

は n 個の折れ線の長さの和の極限です。この極限値 L を曲線の長さと定義しますが、これは、積分の定義（§4-1）より、

$$\lim_{n \to \infty}\sum_{i=1}^{n}\sqrt{1 + \left(\frac{\Delta y_i}{\Delta x}\right)^2}\,\Delta x = \int_a^b \sqrt{1 + \{f'(x)\}^2}\,dx$$

と書くことができます。つまり、①を得ることができます。

〔**例**〕 曲線の長さの公式は、被積分関数に根号がついているので計算は単純ではありません。そこで、ここでは、積分が簡単な例として半径 r の円の円周の長さをこの公式を使って求めてみます。

　原点を中心とした半径 r の 1/4 円が下図のように $y = \sqrt{r^2 - x^2}$ と書けることより、円周 L は次の計算で求められます。

$$\frac{L}{4} = \int_0^r \sqrt{1 + \left(y'\right)^2}\,dx = \int_0^r \sqrt{1 + \left(\frac{-x}{\sqrt{r^2 - x^2}}\right)^2}\,dx$$

$$= \int_0^r \frac{r}{\sqrt{r^2 - x^2}}\,dx = \int_0^{\frac{\pi}{2}} \frac{r}{r\cos\theta}r\cos\theta\,d\theta = \int_0^{\frac{\pi}{2}} r\,d\theta = [r\theta]_0^{\frac{\pi}{2}} = \frac{\pi r}{2}$$

$x = r\sin\theta$ と置換

よって、$L = 2\pi r$

$y = \sqrt{r^2 - x^2}$

（注）　$y = \sqrt{r^2 - x^2}$ において、

$t = r^2 - x^2$ と置換すると、$y = \sqrt{t} = t^{\frac{1}{2}}$

よって、$\dfrac{dy}{dx} = \dfrac{dy}{dt}\dfrac{dt}{dx} = \dfrac{1}{2}t^{\frac{-1}{2}}(-2x) = \dfrac{-x}{\sqrt{r^2 - x^2}}$

〔例〕　放物線 $y = mx^2$ の $[a,\ b]$ 部分の長さ L を求めると、次のようになります。円同様、放物線も身近な曲線ですが、その長さを求める計算はかなり大変です。

$$L = \int_a^b \sqrt{1 + (y')^2}\,dx = \int_a^b \sqrt{1 + 4m^2 x^2}\,dx$$

$$= \frac{1}{4}\left\{2b\sqrt{(2mb)^2 + 1} - 2a\sqrt{(2ma)^2 + 1} + \frac{1}{m}\log\frac{\sqrt{(2mb)^2 + 1} + 2mb}{\sqrt{(2ma)^2 + 1} + 2ma}\right\}$$

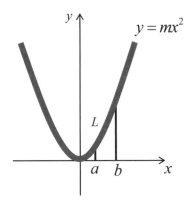

参考までに、$y = x^2$ の $[0,\ 1]$ 部分の長さは $\dfrac{1}{4}\left\{2\sqrt{5} + \log_e(\sqrt{5} + 2)\right\}$ となります。

5-8 媒介変数表示された曲線の長さと定積分

$x = f(t)$, $y = g(t)$, $\alpha \leqq t \leqq \beta$ と媒介変数表示された曲線の長さ L は

$L = \int_{\alpha}^{\beta} \sqrt{\{f'(t)\}^2 + \{g'(t)\}^2}\, dt$ …① で求められる。

レッスン

$y = f(x)$ と表わされた曲線の長さ L を積分で求める式は

$L = \int_{a}^{b} \sqrt{1 + \{f'(x)\}^2}\, dx$ でした(§5-7)。でも上のように曲線が媒介変数(パラメータ)で表示されていたら、むずかしそうです。

$y = f(x)$ の場合(§5-7)と同じようにピタゴラスの定理を使います。ただし、線分の長さ $\overline{P_{i-1}P_i}$ を媒介変数で表現するのです。ここで、$\Delta t = \dfrac{\beta - \alpha}{n}$

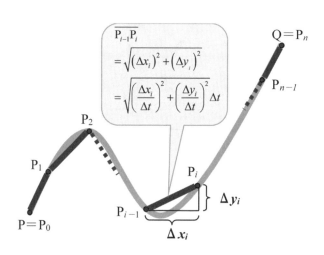

$$\overline{P_{i-1}P_i} = \sqrt{(\Delta x_i)^2 + (\Delta y_i)^2}$$

$$= \sqrt{\left(\frac{\Delta x_i}{\Delta t}\right)^2 + \left(\frac{\Delta y_i}{\Delta t}\right)^2}\, \Delta t$$

線分の長さが求められれば、その後、これら n 個の線分の和を求めて分割を限りなく細かくしていきます。すると、これは積分の式に置き換えられます。

$$L = \lim_{n \to \infty} \sum_{i=1}^{n} \sqrt{\left(\frac{\Delta x_i}{\Delta t}\right)^2 + \left(\frac{\Delta y_i}{\Delta t}\right)^2} \Delta t = \int_{\alpha}^{\beta} \sqrt{\left(\frac{dx}{dt}\right)^2 + \left(\frac{dy}{dt}\right)^2} dt$$

〔解説〕 $\overline{P_{i-1}P_i} = \sqrt{\left(\frac{\Delta x_i}{\Delta t}\right)^2 + \left(\frac{\Delta y_i}{\Delta t}\right)^2} \Delta t$ より

$$\lim_{n \to \infty} \left(\overline{P_0 P_1} + \overline{P_1 P_2} + \cdots + \overline{P_{i-1} P_i} + \cdots + \overline{P_{n-1} P_n}\right) = \lim_{n \to \infty} \sum_{i=1}^{n} \overline{P_{i-1} P_i} = \lim_{n \to \infty} \sum_{i=1}^{n} \sqrt{\left(\frac{\Delta x}{\Delta t}\right)^2 + \left(\frac{\Delta y}{\Delta t}\right)^2} \Delta t$$

は n 個の折れ線の長さの和の極限です。これと積分の定義より①を得ます。

〔例〕　曲線　$x = a(\theta - \sin\theta)$、

$y = a(1 - \cos\theta)$　$(0 \leqq \theta \leqq 2\pi)$

の長さ L を求めてみましょう。

$\dfrac{dx}{d\theta} = a(1 - \cos\theta)$、　$\dfrac{dy}{d\theta} = a\sin\theta$

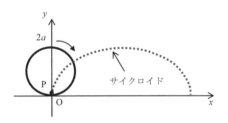

サイクロイド

なので、①より

$$L = \int_0^{2\pi} \sqrt{a^2(1 - \cos\theta)^2 + a^2 \sin^2\theta}\, d\theta$$

$$= a\int_0^{2\pi} \sqrt{2(1 - \cos\theta)}\, d\theta = a\int_0^{2\pi} \sqrt{4\sin^2\left(\frac{\theta}{2}\right)}\, d\theta$$

$$= 2a\int_0^{\pi} \sqrt{\sin^2 t}\, 2\, dt = 4a\int_0^{\pi} \sin t\, dt = 8a$$

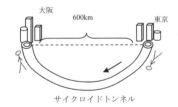

サイクロイドトンネル

(注)　この曲線は**サイクロイド**（別名：**最速降下曲線**）と呼ばれ、摩擦がないとして自由落下のみで計算すると、東京・大阪間で要する時間は片道 10 分ぐらいです。

5-9 回転体の表面積と定積分

$y = f(x)$ のグラフの区間 $[a, b]$ 部分を x 軸の周りに回転してできる

回転体の表面積 S は $\quad S = 2\pi \int_a^b |y| \sqrt{1 + \left(\dfrac{dy}{dx}\right)^2}\, dx \quad \cdots ①\quad$ となる。

レッスン

立体の表面積を求めるには、第7章で学ぶ二重積分を使うのが普通ですが、ここでは、$y = f(x)$ $(a \leqq x \leqq b)$ のグラフが x 軸の周りに回転してできる回転体の表面積について調べてみます。

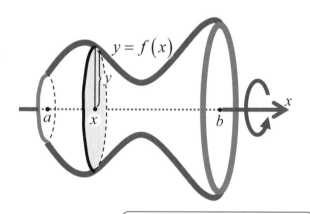

表面積が積分で求められるのですか？

原理は、面積や体積などを求めたときと同じです。区間 $[a, b]$ を n 個に等分割して、それぞれの小区間にある立体の表面を上図のように円錐面で近似するのです。

$n = 3$、つまり、3 分割だとこんな感じですか?

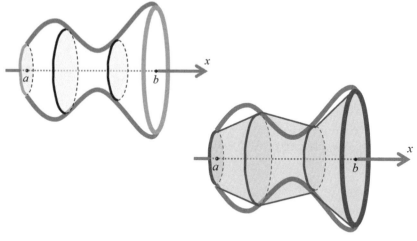

n 分割した i 番目の小区間に着目したのが下図よ。このとき、円錐面（円錐台の側面）の面積 S_i は $2\pi|f(x_{i-1})|\sqrt{1+\{f'(\xi_i)\}^2}\,\Delta x$ と見なせます。理由は節末の＜MEMO＞を見てください。ただし、ξ_i は $x_{i-1}\leqq\xi_i\leqq x_i$ を満たすある数であり、$\Delta x=\dfrac{b-a}{n}$ です。

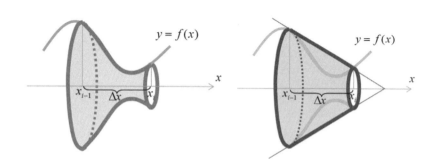

n 分割した i 番目の小区間に対応する円錐台の側面積 S_i が

$2\pi\left|f(x_{i-1})\right|\sqrt{1+\left\{f'(\xi_i)\right\}^2}\,\Delta x$ $(x_{i-1}\leqq\xi_i\leqq x_i)$ と見なせるので、n 個の円錐台

の側面積の総和 $\displaystyle\sum_{i=1}^{n}S_i$ は $\displaystyle\sum_{i=1}^{n}S_i=\sum_{i=1}^{n}2\pi\left|f(x_{i-1})\right|\sqrt{1+\left\{f'(\xi_i)\right\}^2}\,\Delta x$

と見なせます。

冒頭の①の式が見えてきました。つまり、分割を限りなく細かくすればいいのですから、

$\displaystyle\lim_{n\to\infty}\sum_{i=1}^{n}S_i=\lim_{n\to\infty}\sum_{i=1}^{n}2\pi\left|f(x_{i-1})\right|\sqrt{1+\left\{f'(\xi_i)\right\}^2}\,\Delta x=\int_a^b 2\pi\left|f(x)\right|\sqrt{1+\left\{f'(x)\right\}^2}\,dx$

となるのですね。

〔**解説**〕　区間 $[a,\ b]$ を n 等分してできる小区間 $[x_{i-1},x_i]$ における回転体の側面積を円錐台の側面積 S_i で近似します。このとき、S_i は次のように見なせます（＜MEMO＞参照）。

$$2\pi\left|f(x_{i-1})\right|\sqrt{1+\left\{f'(\xi_i)\right\}^2}\,\Delta x \quad (x_{i-1}\leqq\xi_i\leqq x_i) \quad\cdots\cdots\text{①}$$

これと、「$\Delta x\to 0$ のとき　$\xi_i\to x_{i-1}$」より、

$$\lim_{n\to\infty}\sum_{i=1}^{n}S_i=\lim_{n\to\infty}\sum_{i=1}^{n}2\pi\left|f(x_{i-1})\right|\sqrt{1+\left\{f'(\xi_i)\right\}^2}\,\Delta x=\int_a^b 2\pi\left|f(x)\right|\sqrt{1+\left\{f'(x)\right\}^2}\,dx$$

(注1)　3 次元のグラフ $z=f(x,y)$ の表面積については、第 7 章重積分（§7-7）を用いて求めることになります。

〔**例**〕 半径 r の球面は半円 $y=\sqrt{r^2-x^2}$ $(-r\leqq x\leqq r)$ を x 軸の周りに回転すれば得られるので、その表面積 S は次のようになる。

$$S = 2\pi\int_{-r}^{r}|y|\sqrt{1+(y')^2}\,dx$$

$$= 2\pi\int_{-r}^{r}\sqrt{r^2-x^2}\,\frac{r}{\sqrt{r^2-x^2}}\,dx = 4\pi\int_{0}^{r}r\,dx = 4\pi\left[rx\right]_{0}^{r} = 4\pi r^2$$

＜MEMO＞　円錐台の側面積

右下図において ξ_i は $x_{i-1}\leqq\xi_i\leqq x_i$ を満たし、AB の傾きと P における接線の傾き $f'(\xi_i)$ が等しくなる値です（§3-5 平均値の定理）。

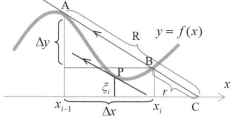

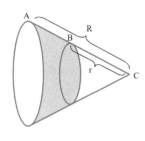

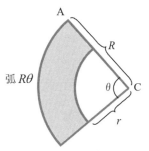

$$S_i = \frac{\theta}{2\pi}(\pi R^2 - \pi r^2) = \frac{\theta}{2}(R+r)(R-r)$$

$$= \frac{\theta}{2}\Big(2R - \sqrt{(\Delta x)^2+(\Delta y)^2}\Big)\sqrt{(\Delta x)^2+(\Delta y)^2}$$

$$= \theta R\sqrt{(\Delta x)^2+(\Delta y)^2} - \frac{\theta}{2}\big\{(\Delta x)^2+(\Delta y)^2\big\}$$

$$= \theta R\sqrt{1+\left(\frac{\Delta y}{\Delta x}\right)^2}\,\Delta x - \frac{\theta}{2}\left\{\Delta x + \Delta y\left(\frac{\Delta y}{\Delta x}\right)\right\}\Delta x$$

$$\fallingdotseq \theta R\sqrt{1+\left(\frac{\Delta y}{\Delta x}\right)^2}\,\Delta x$$

$$= 2\pi|f(x_{i-1})|\sqrt{1+\left\{f'(\xi_i)\right\}^2}\,\Delta x$$

(注) $\Delta x\to0$ のとき $\dfrac{\theta}{2}\left\{\Delta x + \Delta y\left(\dfrac{\Delta y}{\Delta x}\right)\right\}\Delta x$ は $\theta R\sqrt{1+\left(\dfrac{\Delta y}{\Delta x}\right)^2}\,\Delta x$ より高位の無限小です。

第5章 積分の応用

5-10 カバリエリーの原理

形の異なる2つの平面図形は、切り口の長さが同じであれば面積は同じである。また、形の異なる2つの立体は、断面積が同じであれば体積は同じである。これを「**カバリエリーの原理**」という。

2つの形の違う図形は、普通、面積や体積が異なります。

当たり前じゃないですか。私と先生では体型がかなり違うので、当然、体積は違います。

でもね、形が違っても、面積や体積が等しくなることは十分あり得ます。たとえば、

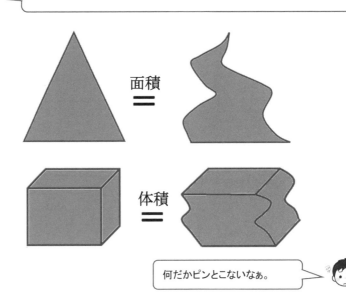

何だかピンとこないなあ。

つまり、適当な軸を設定して、これに垂直な方向に図形を細かく分割したときに、個々の断片の面積や体積が等しければいいわけです。まさしく積分の考え方 $\int_a^b f(x)dx = \lim_{n\to\infty} \sum_{i=1}^{n} f(x_i)\Delta x$ によるわけです。

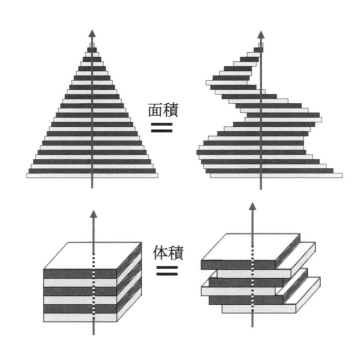

面積
＝

体積
＝

〔解説〕　このカバリェリーの原理は、上図を見れば一目瞭然です。なお、この原理は次のように一般化することができます。

「形の異なる2つの平面図形の切り口が一方が他方の k 倍ならば面積も k 倍である。また、形の異なる立体については断面積が一方が他方の k 倍であれば体積も k 倍である（カバリェリーの原理）」

(注)　カバリェリー（1598〜1647）はイタリアの数学者。

5-11 パップス・ギュルダンの定理

回転体の体積 V は、回転軸を含む平面で切った片方の断面積 S に重心の軌跡の長さ $2\pi r$ を掛ければ得られる。つまり、$V = 2\pi rS$

レッスン

§5-6 で回転体の体積を積分で求める公式を作りました。これは、軸に垂直な平面で立体を切ったときの切り口（下図の円）の面積がわかっている場合です。

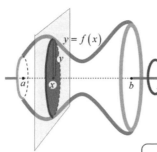

$$V = \int_a^b \pi \{f(x)\}^2 \, dx$$

今度は何が違うのですか？

今度は、回転軸を含む平面で切ったときの切り口の面積 S がわかっている場合です。

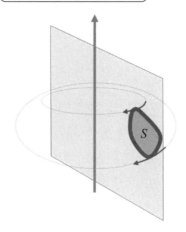

この場合、面積 S は定数ですね。だって、軸を含むどんな平面で切っても切り口の形は同じですから。この S に重心 G の軌跡(円)の長さを掛けると体積になるとは？？？

その理由を説明しましょう。
この回転体を回転軸を含む平面で角度を少しずつ変えて切断してできる n 個の小立体の1つ Q を考えてみましょう。この小立体 Q は厚さが場所によって違いますが、これを一律に重心 G における厚さΔxと見なします。

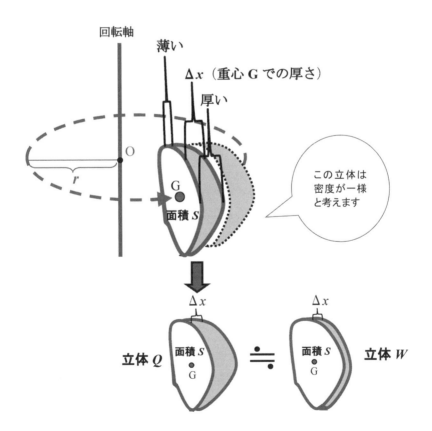

回転軸

薄い

Δx（重心 G での厚さ）

厚い

O

r

G

面積 S

この立体は密度が一様と考えます

Δx

立体 Q　面積 S　G　$\fallingdotseq$　面積 S　G　立体 W

Δx

このようにしてできた厚さΔxのn個の小立体（前ページの右下の立体W）を直線上に配置します。すると、この立体の体積は$\displaystyle\lim_{n\to\infty}\sum_{i=1}^{n}S\Delta x$と書けます。

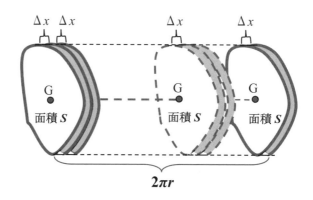

なるほど、見えてきました。

分割を限りなく細かく、つまり、$n\to\infty$　のときのn個の小立体Wの体積$\displaystyle\sum_{i=1}^{n}S\Delta x$を考えるのですね。すると、積分の考え方から　$\displaystyle\lim_{n\to\infty}\sum_{i=1}^{n}S\Delta x=\int_{0}^{2\pi r}Sdx=S\int_{0}^{2\pi r}dx=2\pi rS$

となり、冒頭の公式が得られます。

〔**解説**〕　軸を通る平面で回転体を切り、n個に等分割する（215ページ上図）。そのうちの1個の立体Qの重心Gでの厚さをΔxとし、この立体Qの体積を断面積が同じSで厚さがΔxの立体Wで近似します（前ペー

ジ右下の図）。このとき、求めたい回転体の体積 V は、立体 W の n 個の和で近似できます。

$$V = S\Delta x + S\Delta x + S\Delta x + \cdots + S\Delta x = \sum_{i=1}^{n} S\Delta x \quad \cdots ①$$

ここで、分割を細かくしたとき、つまり、n を無限大にしたとき、①の極限値 $\displaystyle\lim_{n \to \infty} \sum_{i=1}^{n} S\Delta x$ が回転体の体積 V と考えられます。すると、積分の定義より、

$$\lim_{n \to \infty} \sum_{i=1}^{n} S\Delta x = \int_{0}^{2\pi r} S dx = S \int_{0}^{2\pi r} dx = 2\pi r S$$

よって、$V = 2\pi r S$　を得ます。

(注)　この定理はアレクサンドリアのパップスによって 4 世紀に発見され、後にオーストリアの
パウル・ギュルダン（1577～1643）によって独立に発見されたため、**「パップス・ギュルダンの定理」**と呼ばれます。この定理は次節で紹介するバウムクーヘン積分と同様に、数学の専門書ではあまり見かけません。しかし、積分の考え方を知る上では一度は学びたい定理です。

〔例〕　切断面が半径 r の円で、この円の中心の回転半径が a（ただし、$a > r$）のドーナツの体積は「パップス・ギュルダンの定理」により

$$\pi r^2 \times 2\pi a = 2\pi^2 a r^2$$

となります。

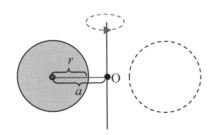

5-12 バウムクーヘン積分

関数 $y = f(x)$ のグラフの $0 \leqq a \leqq x \leqq b$ の部分と x 軸で囲まれた図形を y 軸の周りに回転させてできる回転体の体積 V は次の計算で求められる。

$$V = \int_a^b 2\pi x \left| f(x) \right| dx \quad \cdots \text{①}$$

レッスン

積分の考え方は、図形を細かく分割し、分割した個々の部分を基本図形に置き換えて、それらを、足し合わせる（積む）ことでした。この考え方をお菓子のバウムクーヘンに応用してみましょう。

バウムクーヘンと積分が関係しているとは意外です。

関数 $y = f(x)$ のグラフの $0 \leqq a \leqq x \leqq b$ の部分と x 軸で囲まれた図形を y 軸の周りに回転させてできる回転体は下図のようになります。

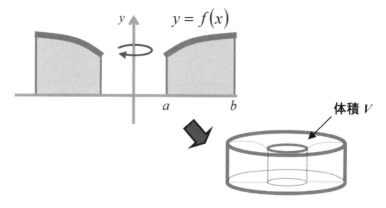

この立体の体積 V を求めるのが目標です。そのために、区間 $[a, b]$ を n 等分し各部分を高さ $f(x)$、横幅 Δx の長方形に置き換え、これら n 個の微小長方形を y 軸中心に回転させてできる n 個のリングを考えます。

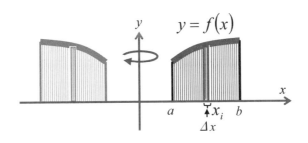

半径が x_i である内側から i 個目のリングに着目し、これを板状に伸ばしてできる立体の体積は
$V_i = 2\pi x_i \left| f(x_i) \right| \Delta x$
となります。

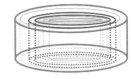

内側から i 番目のリング

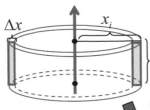

$y = \left| f(x_i) \right|$

リングを1か所切断して板状に伸ばす

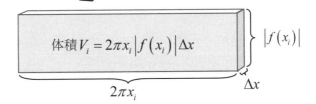

体積 $V_i = 2\pi x_i \left| f(x_i) \right| \Delta x$

$\left| f(x_i) \right|$

$2\pi x_i$

Δx

すると、おおもとの回転体の体積 V は n 枚の板の体積の和

$$V_1 + V_2 + \cdots + V_i + \cdots + V_n = \sum_{i=1}^{n} V_i = \sum_{i=1}^{n} 2\pi x_i \left| f(x_i) \right| \Delta x$$

で近似できます。

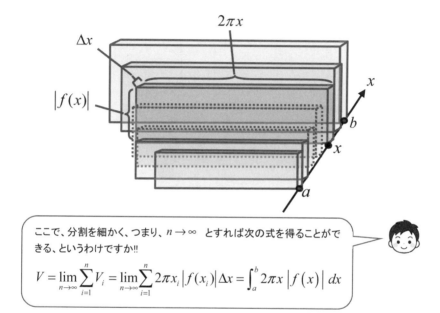

ここで、分割を細かく、つまり、$n \to \infty$ とすれば次の式を得ることができる、というわけですか!!

$$V = \lim_{n \to \infty} \sum_{i=1}^{n} V_i = \lim_{n \to \infty} \sum_{i=1}^{n} 2\pi x_i \left| f(x_i) \right| \Delta x = \int_a^b 2\pi x \left| f(x) \right| dx$$

〔解説〕 関数 $y = f(x)$ のグラフの

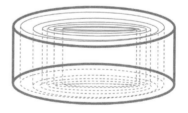

$0 \le a \le x \le b$ の部分と x 軸で囲まれた図形を y 軸の周りに回転させてできる回転体の体積 V を求めるには、バウムクーヘンのように円筒状の薄い皮が何重にも重なってできる立体を想定するとよいでしょう。回転の中心からの距離が x_i である円筒状の厚さ Δx の薄皮

を縦に切断し、これを平らに伸ばした立体は直方体で近似でき、その体積は $2\pi x_i |f(x_i)| \Delta x$ となります。これを a から b まで積分すれば求める立体の体積となります。これは**バウムクーヘン積分**と呼ばれています。

なお、この公式は2つの関数のグラフによって挟まれた図形 F を y 軸の周りに回転させてできる回転体の体積 V を求める際にも利用できます。バウムクーヘン積分の本質は図形 F の x における縦の長さがわかればよいからです。このとき、①式は次のように書き換えられます。

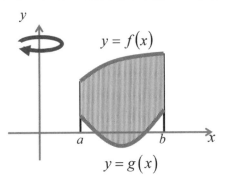

$$V = 2\pi \int_a^b x |f(x) - g(x)| dx \quad \cdots ②$$

(注)　この定理は前節の「パップス・ギュルダンの定理」と同様、数学の専門書ではあまり見かけません。しかし、積分の考え方を知る上では一度は学びたい定理です。

〔**例**〕　放物線 $y = x^2$ と x 軸、それに、直線 $x = 2$ で囲まれた図形を y 軸の周りに回転してできる立体の体積 V は次のようになります。

$$V = 2\pi \int_0^2 x |f(x)| dx$$
$$= 2\pi \int_0^2 x |x^2| dx$$
$$= 2\pi \int_0^2 x^3 dx = 8\pi$$

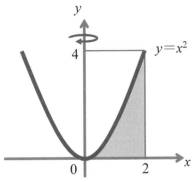

<MEMO> 球の体積を微分すると表面積

半径 r の球の体積は $\dfrac{4}{3}\pi r^3 \cdots ①$ です。また、半径 r の球の表面積は

$4\pi r^2 \cdots ②$ です。すると、このとき①を r で微分すると、②であること

がわかります。つまり、球の体積を微分すると表面積になるのです。

①は回転体の体積の公式（§5-6）を用いて、また、②は回転体の表面

積の公式（§5-9）を用いて別々に求めたものなのに、①を微分すれば②

になったわけです。少し、奇異な感じがしますが、「表面積を積分してい

けば体積になる」という考え方（下図）と、「微分と積分は逆演算である」

ことを考慮すれば、このことは当たり前であることがわかります。

中心を通る球の切り口

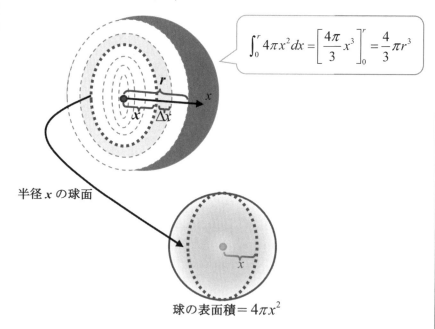

$$\int_0^r 4\pi x^2 dx = \left[\dfrac{4\pi}{3}x^3\right]_0^r = \dfrac{4}{3}\pi r^3$$

半径 x の球面

球の表面積 $= 4\pi x^2$

第6章 偏微分

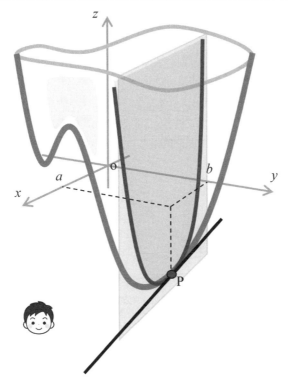

これまで、「微分」といえば1変数関数 $f(x)$ を x で微分することでした。この章で挑む「偏微分」は2変数関数 $f(x,y)$ を x や y で微分することです。難易度は上がりますが、1変数関数 $f(x)$ の微分が土台になっていますから、恐れずに挑戦してみましょう。

6-1 2変数関数 $z = f(x, y)$ の極限値

x, y がそれぞれ a, b に限りなく近づくとき、それらがどう近づいても、$f(x, y)$ が一定の値 c に限りなく近づくならば $f(x, y)$ は収束して、その極限値は c であるという。また、このことを $\lim\limits_{\substack{x \to a \\ y \to b}} f(x, y) = c$ と書く。

レッスン

1変数関数 $y = f(x)$ では、x を a に限りなく近づけた場合、$f(x)$ が b に近づくことを $\lim\limits_{x \to a} f(x) = b$ と書きました（§2-1）。グラフでは次のようになります。

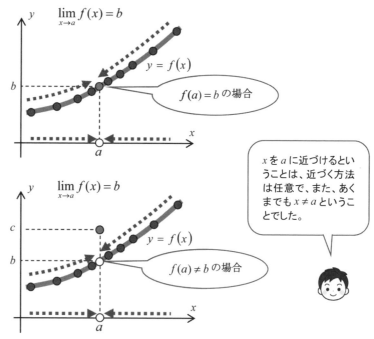

$\lim\limits_{x \to a} f(x) = b$

$y = f(x)$

$f(a) = b$ の場合

x を a に近づけるということは、近づく方法は任意で、また、あくまでも $x \ne a$ ということでした。

$\lim\limits_{x \to a} f(x) = b$

$y = f(x)$

$f(a) \ne b$ の場合

2変数関数 $z=f(x,y)$ の場合
$$\lim_{\substack{x \to a \\ y \to b}} f(x,y) = c$$
の図形的な意味は、xy 平面上の点 $(x,y,0)$ が点 $(a,b,0)$ にどう近づいても $f(x,y)$ は c に近づくということです。

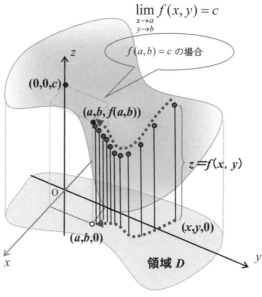

$$\lim_{\substack{x \to a \\ y \to b}} f(x,y) = c$$

$f(a,b) = c$ の場合

$(0,0,c)$

$(a,b,f(a,b))$

$z = f(x, y)$

O

$(a,b,0)$

$(x,y,0)$

領域 D

x

y

z

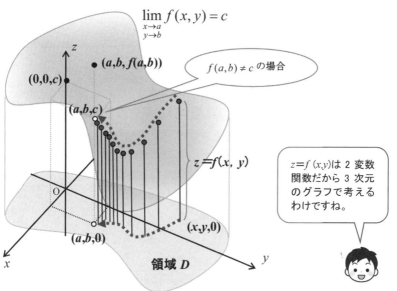

$$\lim_{\substack{x \to a \\ y \to b}} f(x,y) = c$$

$(a,b,f(a,b))$

$f(a,b) \neq c$ の場合

$(0,0,c)$

(a,b,c)

$z = f(x, y)$

O

$(a,b,0)$

$(x,y,0)$

領域 D

x

y

z

$z=f(x,y)$ は2変数関数だから3次元のグラフで考えるわけですね。

〔解説〕 2変数関数 $z = f(x, y)$ の極限を考えるとき、1変数関数のとき

と同様に、(a, b) において関数 $f(x, y)$ の値が存在してもしなくてもどち

らでもかまいません。さらに、(a, b) における $z = f(x, y)$ の値が存在した

としても、関数の極限値はその値には無関係です。なぜならば、$x \to a$、

$y \to b$ とは x, y がそれぞれ a, b とは**異なる値**をとりながら a, b に限りな

く近づくことを意味するからです。また、$x \to a$、$y \to b$ とは「x が a に、

y が b に**どう近づこうとも**」という意味もあります。近づき方によって異な

る値に近づくのであれば、それは「極限値」といえません。

例えば、関数 $f(x, y) = \dfrac{x - y}{x + y}$ $(x \neq 0, y \neq 0)$ …① において、

もし、x と y が $y = mx$ という関係を保ちながらともに 0 に近づくときは

$$\lim_{\substack{x \to 0 \\ y \to 0}} \frac{x - y}{x + y} = \lim_{\substack{x \to 0 \\ y \to 0}} \frac{x - mx}{x + mx} = \lim_{\substack{x \to 0 \\ y \to 0}} \frac{1 - m}{1 + m} = \frac{1 - m}{1 + m}$$

となり、極限値は m の値によって異なります。したがって $\lim\limits_{\substack{x \to 0 \\ y \to 0}} \dfrac{x - y}{x + y}$ は

存在しません。

さらにまた、$x \to a$、$y \to b$ という意味の中には、「x を a に近づけた

後、y を b に近づける」というように**近づける優先順位も考慮する**必要があ

ります。つまり、優先順位を変えたら近づく値が異なる場合も、極限値

は存在しないと考えます。

例えば、上記の関数①は優先順位を変えると近づく値が異なります。

$$\lim_{y \to 0} \left(\lim_{x \to 0} \frac{x - y}{x + y} \right) = \lim_{y \to 0} (-1) = -1$$

$$\lim_{x \to 0} \left(\lim_{y \to 0} \frac{x - y}{x + y} \right) = \lim_{y \to 0} (1) = 1$$

このことからも $\displaystyle\lim_{\substack{x \to 0 \\ y \to 0}} \dfrac{x-y}{x+y}$ の極限値は存在しないことになります。こ

のように 2 変数以上の関数では、1 変数の場合に比べてその極限値はか

なり複雑になります。

　ここでは 2 変数関数 $z = f(x, y)$ の極限を調べましたが、一般の n 変

数関数 $z = f(x_1, x_2, \cdots, x_n)$ の極限もこれと同様に考えられます。

〔例〕　(1)　関数 $f(x, y) = xy$ の場合

$\quad\quad\quad$ a、b の値にかかわらず $\displaystyle\lim_{\substack{x \to a \\ y \to b}} xy = ab$

(2)　関数 $f(x, y) = \dfrac{1}{xy}$ の場合

$\quad\quad$ $a \neq 0$ かつ $b \neq 0$　のとき　$\displaystyle\lim_{\substack{x \to a \\ y \to b}} \dfrac{1}{xy} = \dfrac{1}{ab}$

$\quad\quad$ $a = 0$ または $b = 0$　のとき　$\displaystyle\lim_{\substack{x \to a \\ y \to b}} \dfrac{1}{xy}$ は発散

<MEMO>　関数 $z = f(x, y)$ の極限値の厳密な意義($\varepsilon - \delta$ 法)

　本書の主旨は「微分・積分を直観的に把握すること」にあるので、本

節における 2 変数関数の極限値の説明もかなり直観的です。もし、関数

の極限値を数学として厳密に述べれば次のようになります。

　「任意の正の数 ε 対して δ が存在して $0 < \sqrt{(x-a)^2 + (y-b)^2} < \delta$

ならば　$|f(x, y) - c| < \varepsilon$　が成立する。このとき、x, y がそれぞれ a, b に

限りなく近づくときの $f(x, y)$ の極限値は c であるといい、このことを

$\displaystyle\lim_{\substack{x \to a \\ y \to b}} f(x, y) = c$ と書く」。

(注)どんな小さな ε　(イプシロン)　対しても δ　(デルタ)　が存在するという意味です。

6-2 2変数関数 $z = f(x, y)$ の連続

関数 $f(x, y)$ において $f(a, b)$ が存在して $\displaystyle\lim_{\substack{x \to a \\ y \to b}} f(x, y) = f(a, b)$ であるとき、$f(x, y)$ は点 (a, b) で**連続**であるという。また、領域 D(注)内の任意の点で連続であるとき関数 $f(x, y)$ は領域 D で連続であるといい、$f(x, y)$ を**連続関数**という。

レッスン

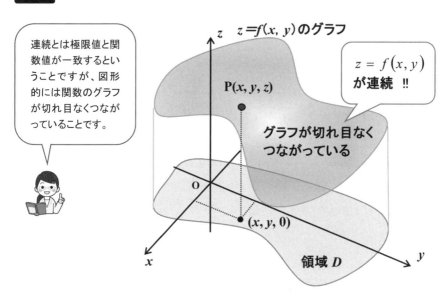

連続とは極限値と関数値が一致するということですが、図形的には関数のグラフが切れ目なくつながっていることです。

z　$z = f(x, y)$ のグラフ

P(x, y, z)

$z = f(x, y)$ **が連続 !!**

グラフが切れ目なく つながっている

O

$(x, y, 0)$

x

領域 D

y

(注)　平面上の閉じた曲線によって囲まれた点の集合を**領域**といいます。ただし、境界線上の点は含まれません。なお、境界線を含む場合は**閉領域**といいます。詳しくは§6-9参照。

〔解説〕 2 変数関数 $z = f(x, y)$ が点 (a, b) で連続であるとは $f(a, b)$ が存在して、しかも、$\lim\limits_{\substack{x \to a \\ y \to b}} f(x, y) = f(a, b)$ ということです。

このことを $z = f(x, y)$ のグラフで見ると、点 $P(a, b, f(a, b))$ がその点の周辺（近傍）のグラフと分離しないでつながっているということです。

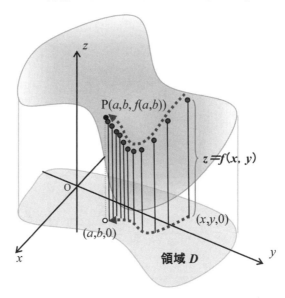

一般に、関数の連続については次のことがいえます。

「連続関数同士の和、差、積および商（ただし、分母 ≠ 0）は連続関数である。また、連続関数と連続関数の合成関数は連続関数である。」

〔例〕 m、n が正の整数のとき関数 $ax^n + by^m$ は xy 平面全体で連続関数です。また、$\sin(x + y)$ も xy 平面全体で連続関数です。したがって、$(ax^n + by^m) \pm \sin(x + y)$、$(ax^n + by^m) \sin(x + y)$ は連続関数です。また、

$\dfrac{\sin(x + y)}{ax^n + by^m}$ も xy 平面の $ax^n + by^m \neq 0$ なるところで連続関数です。

6-3 偏微分係数

2変数関数 $z = f(x, y)$ は、どちらか一方の変数を固定すれば、変数が1つになる。したがって1変数の関数と同様に微分係数が考えられる。これを**偏微分係数**という。

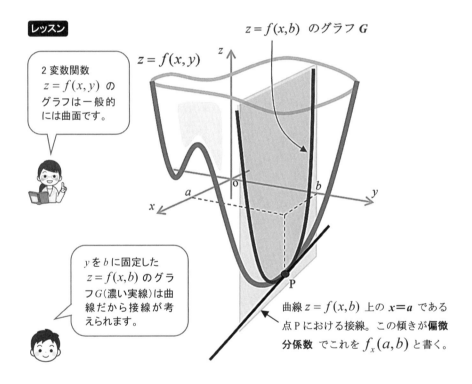

レッスン

$z = f(x, b)$ のグラフ **G**

$z = f(x, y)$

2変数関数 $z = f(x, y)$ のグラフは一般的には曲面です。

y を b に固定した $z = f(x, b)$ のグラフ G（濃い実線）は曲線だから接線が考えられます。

曲線 $z = f(x, b)$ 上の $x = a$ である点 P における接線。この傾きが偏微分係数 でこれを $f_x(a, b)$ と書く。

〔**解説**〕 2変数関数 $z = f(x, y)$ は y を b という値に固定すれば、変数が x だけの1変数関数 $z = f(x, b)$ になります。そこで、x の関数 $f(x, b)$ の $x = a$ における微分係数が考えられます。これを $x = a, y = b$ における関

数 $f(x,y)$ の **x に関する偏微分係数**といい、$f_x(a,b)$ と表わします。つま

り、$f_x(a,b) = \lim\limits_{\Delta x \to 0} \dfrac{f(a+\Delta x, b) - f(a,b)}{\Delta x}$

この値は $z = f(x,y)$ のグラフを zx 平面に平行な平面 $y = b$ で切った切り口に現れる、グラフ G 上の点 $P(a,b,f(a,b))$ におけるグラフ G の接線の傾きです（前ページ図）。

同様にして 2 変数関数 $z = f(x,y)$ において x を a という値に固定した 1 変数関数 $z = f(a,y)$ の $y = b$ における微分係数が考えられます。これを $x = a, y = b$ における関数 $f(x,y)$ の **y に関する偏微分係数**といい、

$f_y(a,b)$ と表わします。つまり、$f_y(a,b) = \lim\limits_{\Delta y \to 0} \dfrac{f(a,b+\Delta y) - f(a,b)}{\Delta y}$

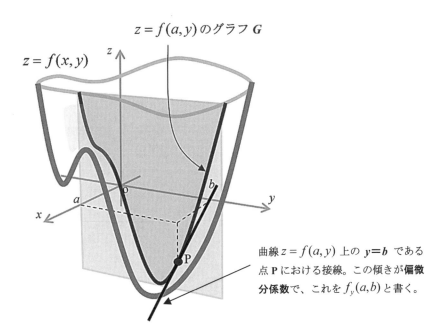

$z = f(a,y)$ のグラフ G

$z = f(x,y)$

曲線 $z = f(a,y)$ 上の **$y = b$** である点 P における接線。この傾きが**偏微分係数**で、これを $f_y(a,b)$ と書く。

〔**例**〕 関数 $z = f(x,y) = x^2 + y^2$ の $x = a, y = b$ における偏微分係数を求めてみよう。

$$f_x(a,b) = \lim_{\Delta x \to 0} \frac{f(a + \Delta x, b) - f(a,b)}{\Delta x} = \lim_{\Delta x \to 0} \frac{\{(a + \Delta x)^2 + b^2\} - (a^2 + b^2)}{\Delta x}$$

$$= \lim_{\Delta x \to 0} \frac{2a\Delta x + (\Delta x)^2}{\Delta x} = \lim_{\Delta x \to 0} (2a + \Delta x) = 2a \quad \cdots\cdots 左下図$$

$$f_y(a,b) = \lim_{\Delta y \to 0} \frac{f(a, b + \Delta y) - f(a,b)}{\Delta y} = \lim_{\Delta y \to 0} \frac{\{a^2 + (b + \Delta y)^2\} - (a^2 + b^2)}{\Delta y}$$

$$= \lim_{\Delta y \to 0} \frac{2b\Delta y + (\Delta y)^2}{\Delta y} = \lim_{\Delta y \to 0} (2b + \Delta y) = 2b \quad \cdots\cdots 右下図$$

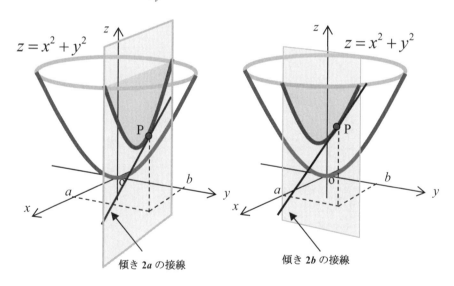

傾き $2a$ の接線　　　　　　傾き $2b$ の接線

（注 1）　$z = f(x,y) = x^2 + y^2$ のグラフは回転放物面と呼ばれています。

（注 2）　$f_x(a,b)$ は、y を定数と見なして x について微分して得られる関数（偏導関数（次節））において $x = a, y = b$ としたものと同じです。つまり、y を定数と見なして $z = f(x,y) = x^2 + y^2$ を x について微分すると $2x$ となります。この x に a を代入したのが先の答えの $f_x(a,b) = 2a$ となります。

6-4 偏導関数

2変数関数 $z = f(x, y)$ は、どちらか一方の変数を固定すれば変数が1つになり、1変数の関数の微分が考えられる。これを**偏微分**という。

レッスン

偏微分という言葉はむずかしそうですが、1変数関数の微分にすぎません。

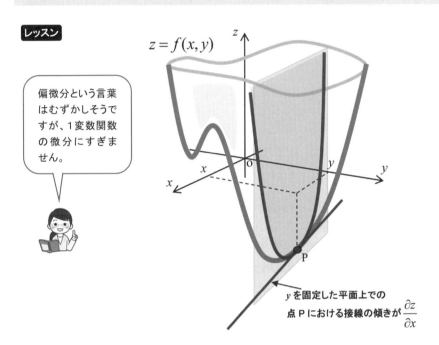

$z = f(x, y)$

y を固定した平面上での
点 P における接線の傾きが $\dfrac{\partial z}{\partial x}$

〔解説〕 2変数関数 $z = f(x, y)$ は y を固定(つまり定数扱い)すれば、x だけの1変数の関数となります。したがって、この関数を x について微分した導関数が考えられます。そこで、y を固定したときの

$$\lim_{\Delta x \to 0} \frac{f(x + \Delta x, y) - f(x, y)}{\Delta x}$$ を $f(x, y)$ の x に関する**偏導関数**といい、$\dfrac{\partial z}{\partial x}$、

$\dfrac{\partial}{\partial x}f(x,y)$、$f_x$、$f_x(x,y)$ などと書くことにします。すなわち、

$$\dfrac{\partial z}{\partial x} = \dfrac{\partial}{\partial x}f(x,y) = f_x(x,y) = f_x = \lim_{\Delta x \to 0}\dfrac{f(x+\Delta x,y)-f(x,y)}{\Delta x}$$

$z = f(x,y)$ のグラフは一般に曲面になります。ここで、y を固定するということは、このグラフを xz 平面に平行な平面で切ったときに、切り口に現れるグラフに限定して関数 $z = f(x,y)$ を考えることを意味します。このとき、$z = f(x,y)$ のグラフは曲線となり、この曲線上の点 (x,y) における接線の傾きが偏導関数 $\dfrac{\partial z}{\partial x}$ の値となります（前ページ図）。

同様に、x を固定したときの y に関する偏導関数を考えることもできます（下図）。

$$\dfrac{\partial z}{\partial y} = \dfrac{\partial}{\partial y}f(x,y) = f_y(x,y) = f_y = \lim_{\Delta y \to 0}\dfrac{f(x,y+\Delta y)-f(x,y)}{\Delta y}$$

このように x に関する**偏導関数**や y に関する**偏導関数**を求めることを**偏微分**といいます。

(注)　$\dfrac{\partial z}{\partial x}$, $\dfrac{\partial z}{\partial y}$ の ∂ は、「デル」、「ディー」などと読む。

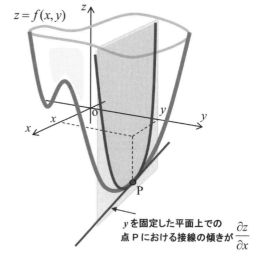

$z = f(x,y)$

y を固定した平面上での点 P における接線の傾きが $\dfrac{\partial z}{\partial x}$

なお、変数が 3 つ以上の関数についても、どれか 1 つの変数に着目し、他を定数扱いすることによって 2 変数関数と同様に偏導関数を考えることができます。

〔例〕 次の関数 $f(x, y)$ 、 $f(x, y, z)$ の偏導関数を求めてみましょう。

(1) $f(x, y) = x^2 - xy + y^2$

(2) $f(x, y) = \sin x + \cos y$

(3) $f(x, y) = \sin xy$

(4) $f(x, y) = \log_y x$

(5) $f(x, y, z) = xy^2 z^3$

(解)

(1) $\dfrac{\partial f}{\partial x} = 2x - y$ 、 $\dfrac{\partial f}{\partial y} = -x + 2y$

(2) $\dfrac{\partial f}{\partial x} = \cos x$ 、 $\dfrac{\partial f}{\partial y} = -\sin y$

(3) $\dfrac{\partial f}{\partial x} = y \cos xy$ 、 $\dfrac{\partial f}{\partial y} = x \cos xy$

(4) $f(x, y) = \log_y x = \dfrac{\log_e x}{\log_e y}$ より

$$\frac{\partial f}{\partial x} = \frac{1}{x} \times \frac{1}{\log_e y} = \frac{1}{x \log_e y}$$

$$\frac{\partial f}{\partial y} = \log_e x \times \frac{-\dfrac{1}{y}}{\left(\log_e y\right)^2} = -\frac{\log_e x}{y \left(\log_e y\right)^2}$$

(5) $\dfrac{\partial f}{\partial x} = y^2 z^3$ 、 $\dfrac{\partial f}{\partial y} = 2xyz^3$ 、 $\dfrac{\partial f}{\partial z} = 3xy^2 z^2$

6-5 高次の偏導関数

関数 $z = f(x, y)$ の偏導関数 $f_x(x, y)$, $f_y(x, y)$ は x と y の関数なので、これらの偏導関数の偏導関数が考えられる。これを、**高次の偏導関数**という。

高次の偏導関数は記号が紛らわしいので注意。

$$\frac{\partial z}{\partial x} = f_x(x, y) \quad \text{に対して、}$$

$$\frac{\partial}{\partial x}\left(\frac{\partial z}{\partial x}\right) = \frac{\partial^2 z}{\partial x^2} = z_{xx} = f_{xx}(x, y)$$

$$f\text{<1回目の微分><2回目の微分>}$$

$$\frac{\partial}{\partial y}\left(\frac{\partial z}{\partial x}\right) = \frac{\partial^2 z}{\partial y \partial x} = z_{xy} = f_{xy}(x, y)$$

x と y の表記が左右逆

〔**解説**〕 関数 $z = f(x, y)$ の偏導関数 $\dfrac{\partial z}{\partial x} = f_x(x, y)$ の x に関する偏導関

数を $\dfrac{\partial}{\partial x}\left(\dfrac{\partial z}{\partial x}\right) = f_{xx}(x, y)$ と表わし、y に関する偏導関数を $\dfrac{\partial}{\partial y}\left(\dfrac{\partial z}{\partial x}\right) = f_{xy}(x, y)$

と表わしますが、それぞれ x と y の表記が逆になっていることに要注意。

これらは**第2次偏導関数**と呼ばれます。同様にして第3次偏導関数

$$\frac{\partial f_{xy}(x, y)}{\partial x} = \frac{\partial}{\partial x}\left(\frac{\partial^2 z}{\partial y \partial x}\right) = z_{xyx} = f_{xyx}(x, y)$$

など、一般に**第 n 次偏導関数**を考えることができます。

〔**例**〕　次の関数 $z = f(x, y)$ の第2次偏導関数をすべて求めてみましょう。

(1)　$z = f(x, y) = e^{x^2 + y^2}$　　　　(2)　$z = f(x, y) = x^3 + y^3 - 3x^2 y$

(1)の答えは次のようになります。

$$\frac{\partial z}{\partial x} = f_x = 2xe^{x^2+y^2} \quad 、 \quad \frac{\partial z}{\partial y} = f_y = 2ye^{x^2+y^2}$$

$$\frac{\partial z}{\partial x^2} = f_{xx} = \frac{\partial}{\partial x}\left(2xe^{x^2+y^2}\right) = 2e^{x^2+y^2} + 2x \cdot 2xe^{x^2+y^2} = 2(1+2x^2)e^{x^2+y^2}$$

$$\frac{\partial}{\partial y}\left(\frac{\partial z}{\partial x}\right) = \frac{\partial^2 z}{\partial y \partial x} = f_{xy} = \frac{\partial}{\partial y}\left(2xe^{x^2+y^2}\right) = 2x \cdot 2ye^{x^2+y^2} = 4xye^{x^2+y^2}$$

$$\frac{\partial z}{\partial y^2} = f_{yy} = \frac{\partial}{\partial y}\left(2ye^{x^2+y^2}\right) = 2e^{x^2+y^2} + 2y \cdot 2ye^{x^2+y^2} = 2(1+2y^2)e^{x^2+y^2}$$

$$\frac{\partial}{\partial x}\left(\frac{\partial z}{\partial y}\right) = \frac{\partial^2 z}{\partial x \partial y} = f_{yx} = \frac{\partial}{\partial x}\left(2ye^{x^2+y^2}\right) = 2y \cdot 2xe^{x^2+y^2} = 4xye^{x^2+y^2}$$

(2)の答えは次のようになります。

$$\frac{\partial z}{\partial x} = f_x = 3x^2 - 6xy \quad 、 \quad \frac{\partial z}{\partial y} = f_y = 3(y^2 - x^2)$$

$$\frac{\partial z}{\partial x^2} = f_{xx} = \frac{\partial}{\partial x}\left(3x^2 - 6xy\right) = 6(x - y)$$

$$\frac{\partial}{\partial y}\left(\frac{\partial z}{\partial x}\right) = \frac{\partial^2 z}{\partial y \partial x} = f_{xy} = \frac{\partial}{\partial y}\left(3x^2 - 6xy\right) = -6x$$

$$\frac{\partial z}{\partial y^2} = f_{yy} = \frac{\partial}{\partial y}\left(3y^2 - 3x^2\right) = 6y$$

$$\frac{\partial}{\partial x}\left(\frac{\partial z}{\partial y}\right) = \frac{\partial^2 z}{\partial x \partial y} = f_{yx} = \frac{\partial}{\partial x}\left(3y^2 - 3x^2\right) = -6x$$

　第6章

偏微分

6-6 連続と偏微分の順序

関数 $z = f(x, y)$ が領域 D において $f_{xy}(x, y)$、$f_{yx}(x, y)$ が存在し、これらが連続ならば、この領域 D において $f_{xy}(x, y) = f_{yx}(x, y)$ となる。

レッスン

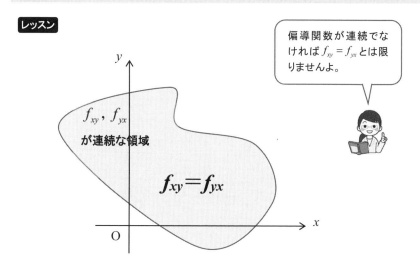

偏導関数が連続でなければ $f_{xy} = f_{yx}$ とは限りませんよ。

〔**解説**〕　偏導関数がいずれも連続であるという前提があれば、偏微分の順序に無関係に偏導関数が一意的に決まるという面白い性質です。この連続の前提がなければ、偏微分の順序によっては偏導関数は等しいとは限りません。2 変数の関数では極限値を求める際に 2 変数の順序を変えるとその値が違ってくることがあるからです（§6-1 参照）。

（注）　関数 $z = f(x, y)$ の 3 次の偏導関数がすべて連続であれば、

$$f_{xxy}(x, y) = f_{xyx}(x, y) = f_{yxx}(x, y)$$

が成立します。なお、このことは高次の偏導関数に一般化することができます。

〔**例**〕 次の(1)、(2)、(3)の関数は xy 平面全体で連続です。さらに偏導関数も xy 平面全体で連続です。したがって、$f_{xy}(x, y) = f_{yx}(x, y)$ となるはずです。このことを確かめてみましょう。

(1) $z = f(x, y) = x^2 y^3$

(2) $z = f(x, y) = x^2 - y^2$

(3) $z = f(x, y) = \sin(x^2 + y^2)$

(**解**) (1) $z_x = f_x(x, y) = 2xy^3$ より $z_{xy} = f_{xy}(x, y) = 6xy^2$

$\qquad z_y = f_y(x, y) = 3x^2 y^2$ より $z_{yx} = f_{yx}(x, y) = 6xy^2$

よって、$f_{xy}(x, y) = f_{yx}(x, y)$

(2) $z_x = f_x(x, y) = 2x$ より $z_{xy} = f_{xy}(x, y) = 0$

$\quad z_y = f_y(x, y) = -2y$ より $z_{yx} = f_{yx}(x, y) = 0$

よって、$f_{xy}(x, y) = f_{yx}(x, y)$

(3) $z_x = f_x(x, y) = 2x \cos(x^2 + y^2)$ より

$\quad z_{xy} = f_{xy}(x, y) = -4xy \sin(x^2 + y^2)$

$\quad z_y = f_y(x, y) = 2y \cos(x^2 + y^2)$ より

$\quad z_{yx} = f_{yx}(x, y) = -4xy \sin(x^2 + y^2)$ よって、$f_{xy}(x, y) = f_{yx}(x, y)$

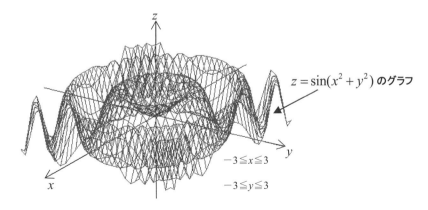

$z = \sin(x^2 + y^2)$ のグラフ

$-3 \leqq x \leqq 3$

$-3 \leqq y \leqq 3$

第6章 偏微分

6-7 合成関数の偏微分 (その1)

z は u、v の関数で u、v が x の関数であるとき、 $\dfrac{dz}{dx} = \dfrac{\partial z}{\partial u}\dfrac{du}{dx} + \dfrac{\partial z}{\partial v}\dfrac{dv}{dx}$

レッスン

条件より $z = f(u,v)$、$u = g(x)$、$v = h(x)$ と書けます。したがって、$z = f(g(x),h(x))$ となり、z は1変数 x の関数です。そこで、まずは、x が決まれば z が決まる経過を図形で見てみましょう。

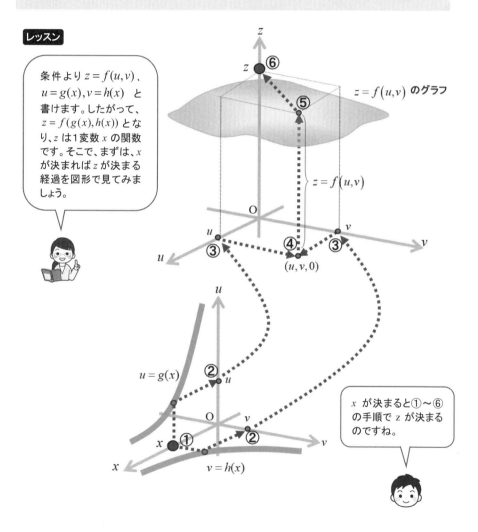

$z = f(u,v)$ のグラフ

$z = f(u,v)$

$(u,v,0)$

$u = g(x)$

$v = h(x)$

x が決まると①～⑥の手順で z が決まるのですね。

x が Δx 増えたときの u, v の増分を各々 Δu、Δv とすると、z の増分 Δz は図形的には下図のようになります。目標は $\dfrac{dz}{dx}$、つまり、$\displaystyle\lim_{\Delta x \to 0}\dfrac{\Delta z}{\Delta x}$ がどうなるかということです。この計算は次ページの〔解説〕で紹介します。

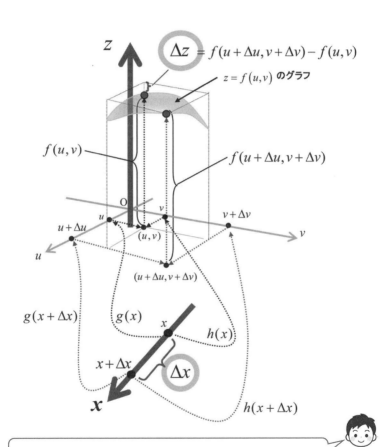

前ページの $u = g(x), v = h(x)$ のグラフは省略していますね。

〔**解説**〕　条件より $z = f(u,v)$, $u = g(x)$, $v = h(x)$ と書けます。これらの関数はいずれも連続で、連続な偏導関数をもつとします。また、このとき $z = f(u,v) = f(g(x),h(x))$ となり z は 1 変数 x の関数です。

x が Δx 変化したとき u, v が Δu、Δv 変化すれば、Δz は

$$\Delta z = f(u + \Delta u, v + \Delta v) - f(u,v)$$

と書け、「平均値の定理」を利用すると次のように変形できます(注1)。

$$\Delta z = f(u + \Delta u, v + \Delta v) - f(u,v)$$
$$= \{f(u + \Delta u, v + \Delta v) - f(u, v + \Delta v)\} + \{f(u, v + \Delta v) - f(u,v)\}$$

平均値の定理より　　　　　　　平均値の定理より

$$= \Delta u \times f_u(u + \theta_1 \Delta u, v + \Delta v) + \Delta v \times f_v(u, v + \theta_2 \Delta v)$$

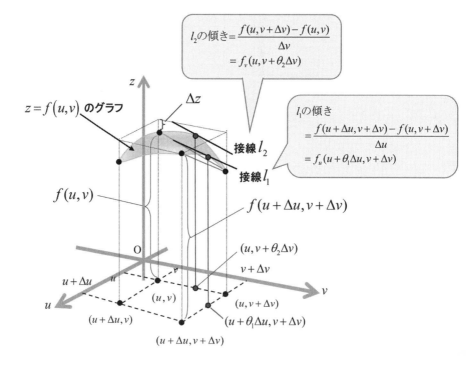

l_2の傾き$= \dfrac{f(u, v + \Delta v) - f(u, v)}{\Delta v}$
$= f_v(u, v + \theta_2 \Delta v)$

l_1の傾き
$= \dfrac{f(u + \Delta u, v + \Delta v) - f(u, v + \Delta v)}{\Delta u}$
$= f_u(u + \theta_1 \Delta u, v + \Delta v)$

$z = f(u,v)$ のグラフ

Δz

接線 l_2

接線 l_1

$f(u,v)$

$f(u + \Delta u, v + \Delta v)$

$(u, v + \theta_2 \Delta v)$

$v + \Delta v$

$u + \Delta u$　u

(u,v)

$(u, v + \Delta v)$

v

u

$(u + \Delta u, v)$

$(u + \theta_1 \Delta u, v + \Delta v)$

$(u + \Delta u, v + \Delta v)$

よって、$\dfrac{\Delta z}{\Delta x} = \dfrac{\Delta u}{\Delta x} \times f_u(u + \theta_1 \Delta u, v + \Delta v) + \dfrac{\Delta v}{\Delta x} \times f_v(u, v + \theta_2 \Delta v)$

ゆえに、$\displaystyle\lim_{\Delta x \to 0}\dfrac{\Delta z}{\Delta x} = \lim_{\Delta x \to 0}\left\{\dfrac{\Delta u}{\Delta x} \times f_u(u + \theta_1 \Delta u, v + \Delta v) + \dfrac{\Delta v}{\Delta x} \times f_v(u, v + \theta_2 \Delta v)\right\}$

ここで、関数が連続より $\Delta x \to 0$ のとき $\Delta u \to 0$、$\Delta v \to 0$ なので、

$$\dfrac{dz}{dx} = \dfrac{du}{dx} \times f_u(u,v) + \dfrac{dv}{dx} \times f_v(u,v) = \dfrac{du}{dx}\dfrac{\partial z}{\partial u} + \dfrac{dv}{dx}\dfrac{\partial z}{\partial v} = \dfrac{\partial z}{\partial u}\dfrac{du}{dx} + \dfrac{\partial z}{\partial v}\dfrac{dv}{dx}$$

(注1) $\varphi(u) = f(u, v + \Delta v)$ とおくと、

$\varphi(u + \Delta u) - \varphi(u) = f(u + \Delta u, v + \Delta v) - f(u, v + \Delta v)$

u で微分

平均値の定理($\S 3\text{-}5$)より、$\theta_1\,(0 < \theta_1 < 1)$ が存在して $\dfrac{\varphi(u + \Delta u) - \varphi(u)}{\Delta u} = \varphi'(u + \theta_1 \Delta u)$

ゆえに $\dfrac{f(u + \Delta u, v + \Delta v) - f(u, v + \Delta v)}{\Delta u} = f_u(u + \theta_1 \Delta u, v + \Delta v)$

よって $f(u + \Delta u, v + \Delta v) - f(u, v + \Delta v) = (\Delta u)f_u(u + \theta_1 \Delta u, v + \Delta v)$

この定理は z を $u_1, u_2, \cdots, u_n$ の関数、$u_1, u_2, \cdots, u_n$ は x の関数として、

$$\dfrac{dz}{dx} = \dfrac{\partial z}{\partial u_1}\dfrac{du_1}{dx} + \dfrac{\partial z}{\partial u_2}\dfrac{du_2}{dx} + \cdots + \dfrac{\partial z}{\partial u_n}\dfrac{du_n}{dx}$$

と一般化できます。

〔例〕 $z = f(u,v) = u^2 + uv + v^2$、$u = \cos x$，$v = \sin x$ のとき、

$\dfrac{dz}{dx} = \dfrac{\partial z}{\partial u}\dfrac{du}{dx} + \dfrac{\partial z}{\partial v}\dfrac{dv}{dx}$

$= (2u + v)(-\sin x) + (u + 2v)\cos x$

$= -(2\cos x + \sin x)\sin x + (\cos x + 2\sin x)\cos x = \cos^2 x - \sin^2 x$

(注2) 当然 $z = \cos^2 x + \cos x \sin x + \sin^2 x$ を x で微分したものと一致します。

6-8 合成関数の偏微分 (その2)

z は u、v の関数で u、v が x と y の関数であるとき、z は x と y の関数となり、$\dfrac{\partial z}{\partial x} = \dfrac{\partial z}{\partial u}\dfrac{\partial u}{\partial x} + \dfrac{\partial z}{\partial v}\dfrac{\partial v}{\partial x}$ …①、$\dfrac{\partial z}{\partial y} = \dfrac{\partial z}{\partial u}\dfrac{\partial u}{\partial y} + \dfrac{\partial z}{\partial v}\dfrac{\partial v}{\partial y}$ …②

レッスン

2変数関数 $z = f(x,y)$、$u = g(x,y)$、$v = h(x,y)$ において、y を定数と見なせば $\dfrac{dz}{dx} = \dfrac{\partial z}{\partial x}$、$\dfrac{du}{dx} = \dfrac{\partial u}{\partial x}$、$\dfrac{dv}{dx} = \dfrac{\partial v}{\partial x}$ です。

$$\frac{dz}{dx} = \frac{\partial z}{\partial u}\frac{du}{dx} + \frac{\partial z}{\partial v}\frac{dv}{dx} \quad \cdots \text{ z は u、v の関数、u、v は x の関数（§6-7）}$$

 y を固定して定数と見なす

$$\frac{\partial z}{\partial x} = \frac{\partial z}{\partial u}\frac{\partial u}{\partial x} + \frac{\partial z}{\partial v}\frac{\partial v}{\partial x} \quad \cdots \text{ z は u、v の関数、u、v は x、y の関数}$$

〔**解説**〕 条件より次のように書けます。

$$z = f(u,v)$$
$$u = g(x,y)$$
$$v = h(x,y)$$

したがって、z は 2 変数 x と y の関数

$$z = f(g(x,y),h(x,y))$$

となり、偏微分 $\dfrac{\partial z}{\partial x}$，$\dfrac{\partial z}{\partial y}$ を考えることができます。

ここで、偏微分 $\dfrac{\partial z}{\partial x}$ を調べてみましょう。偏微分の定義から、これは y を固定して定数として扱い x で微分することです。

$$z = f(u, v)$$

$$u = g(x, y)$$

$$v = h(x, y)$$

このとき、f も g も h も 1 変数 x の関数になります。

すると、これは前節で扱った

「z は u、v の関数で u、v が x の関数であるとき、

$$\frac{dz}{dx} = \frac{\partial z}{\partial u}\frac{du}{dx} + \frac{\partial z}{\partial v}\frac{dv}{dx} \quad \cdots ③」$$

の世界です。ここでは、y を固定して定数と見なしたので、

$$z = f(g(x,y), h(x,y)) \text{ より } \frac{\partial z}{\partial x} = \frac{dz}{dx}、\quad u = g(x,y) \text{ より } \frac{\partial u}{\partial x} = \frac{du}{dx}、$$

$v = h(x, y)$ より $\dfrac{\partial v}{\partial x} = \dfrac{dv}{dx}$ が成立します。これらを③に代入すれば①を得ることができます。同様にして②も得ることができます。

(注1) 例えば、$z = \varphi(x, y) = x^2 + xy + y^2$ のとき、y を定数と見なして $\dfrac{dz}{dx}$ と $\dfrac{\partial z}{\partial x}$ を各々求めてみましょう。これらはともに $2x + y$ に等しくなることがわかるでしょう。

〔例〕 $z = f(u, v) = u^2 + uv + v^2$、$u = xy$，$v = x + y$ のとき

$$\frac{\partial z}{\partial x} = \frac{\partial z}{\partial u}\frac{\partial u}{\partial x} + \frac{\partial z}{\partial v}\frac{\partial v}{\partial x} = (2u + v)y + (u + 2v) = 2xy^2 + 2xy + y^2 + 2x + 2y$$

(注2) 当然 $z = f(u, v) = u^2 + uv + v^2 = (xy)^2 + xy(x+y) + (x+y)^2$ を x で偏微分した式と一致します。

領域 D で連続な関数 $f(x, y)$ が第 n 次まで連続な偏導関数をもち、$P(x, y)$, $Q(x+h, y+k)$ に対して線分 PQ 上の点がいずれも領域 D 内とする。このとき、次の式が成立する。

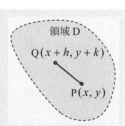

領域 D

$Q(x+h, y+k)$

$P(x, y)$

$$f(x+h, y+k) = f(x, y) + \frac{1}{1!}\left(h\frac{\partial}{\partial x} + k\frac{\partial}{\partial y}\right)f(x, y) + \frac{1}{2!}\left(h\frac{\partial}{\partial x} + k\frac{\partial}{\partial y}\right)^2 f(x, y)$$

$$+ \cdots\cdots + \frac{1}{(n-1)!}\left(h\frac{\partial}{\partial x} + k\frac{\partial}{\partial y}\right)^{n-1} f(x, y) + R_n$$

ただし、$R_n = \dfrac{1}{n!}\left(h\dfrac{\partial}{\partial x} + k\dfrac{\partial}{\partial y}\right)^n f(x+\theta h, y+\theta k)$ \qquad $0 < \theta < 1$

レッスン

2 変数の「テイラーの定理」は 1 変数のそれを拡張していることがわかりますね。

$$f(x+h) = f(x) + \frac{1}{1!}f'(x)h + \frac{1}{2!}f''(x)h^2 + \cdots\cdots + \frac{1}{(n-1)!}f^{(n-1)}(x)h^{n-1} + R_n$$

1 変数関数のテイラーの定理（§3-17）

2 変数関数のテイラーの定理

$$f(x+h, y+k) = f(x, y) + \frac{1}{1!}\left(h\frac{\partial}{\partial x} + k\frac{\partial}{\partial y}\right)f(x, y) + \frac{1}{2!}\left(h\frac{\partial}{\partial x} + k\frac{\partial}{\partial y}\right)^2 f(x, y)$$

$$+ \cdots\cdots + \frac{1}{(n-1)!}\left(h\frac{\partial}{\partial x} + k\frac{\partial}{\partial y}\right)^{n-1} f(x, y) + R_n$$

〔解説〕　2変数関数のテイラーの定理は、1変数関数のテイラーの定理（§3-17）と構造は同じです。ただし、2変数関数のテイラーの定理で使われている偏微分の演算子については説明を要します。

例えば、演算子 $\left(h\dfrac{\partial}{\partial x}+k\dfrac{\partial}{\partial y}\right)f(x,y)$、$\left(h\dfrac{\partial}{\partial x}+k\dfrac{\partial}{\partial y}\right)^2 f(x,y)$ などは次の意味をもちます。

$$\left(h\frac{\partial}{\partial x}+k\frac{\partial}{\partial y}\right)f(x,y)=h\frac{\partial}{\partial x}f(x,y)+k\frac{\partial}{\partial y}f(x,y)=hf_x(x,y)+kf_y(x,y)$$

$$\left(h\frac{\partial}{\partial x}+k\frac{\partial}{\partial y}\right)^2 f(x,y)=\left(h^2\frac{\partial^2}{\partial x^2}+2hk\frac{\partial^2}{\partial x\partial y}+k^2\frac{\partial^2}{\partial y^2}\right)f(x,y)$$
$$=h^2 f_{xx}(x,y)+2hkf_{yx}(x,y)+k^2 f_{yy}(x,y)$$

同様にして　$\left(h\dfrac{\partial}{\partial x}+k\dfrac{\partial}{\partial y}\right)^n f(x,y)=\displaystyle\sum_{r=0}^{n}{}_nC_r h^r k^{n-r}\frac{\partial^n}{\partial x^r \partial y^{n-r}}f(x,y)$

(注)　第 n 次まで連続な偏導関数をもつことを仮定したため、$f_{xy}=f_{yx}$ などが成立します（§6-6）。なお、1変数関数のテイラーの定理の R_n は $\dfrac{f^{(n)}(x+\theta h)}{n!}x^n$ です。ただし、$0<\theta<1$

(注) 証明は§3-17で紹介したマクローリンの定理を使います。

〔例〕　$z=f(x,y)=ax^2+2bxy+cy^2+2dx+2ey+l$　のとき
$f_x(x,y)=2ax+2by+2d$, $f_y(x,y)=2bx+2cy+2e$
$f_{xx}(x,y)=2a$, $f_{xy}(x,y)=2b$, $f_{yy}(x,)=2c$

したがって、第3次以上の偏導関数はすべて0です。よって、「テイラーの定理」より、

$$f(x+h,y+k)=f(x,y)+hf_x(x,y)+kf_y(x,y)$$
$$+\frac{1}{2!}\left(h^2 f_{xx}(x,y)+2hkf_{xy}(x,y)+k^2 f_{yy}(x,y)\right)$$
$$=f(x,y)+2h(ax+by+d)+2k(bx+cy+e)+ah^2+2bhk+ck^2$$

　「領域」という言葉は多変数関数（2変数以上の関数）の微分や積分でよく出てきますが、定義は次のとおりです。ただし、ここでは、簡単な説明に留めておきます。

　領域を説明するにあたって、まずは、**閉曲線**について説明します。閉曲線とは下図のように閉じている曲線のことです。

単一閉曲線

　閉曲線で囲まれた内部の点の集合を**領域**といいます。閉曲線上の点は領域に含まれませんが、領域に閉曲線を含ませた点の集合を**閉領域**といいます。また、閉領域に対して、領域を**開領域**ということがあります。

　なお、領域 D 内の中がくりぬかれるかどうかで、領域は下図のように**単連結領域**、**2重連結領域**、**3重連結領域**、…、に分類されます。なお、単連結領域以外を**多重連結領域**といいます。

| 単連結領域 | 2重連結領域 | 3重連結領域 |

（注）　右図のように分離された2つの点の集合は領域とはいいません。つまり、領域とは
　　　離れ小島をもたない集合のことです。

6-10　2変数関数の極大・極小

2変数関数 $z = f(x,y)$ が点 A(a,b) の近傍で点 A と異なる任意の点 P(x,y) に対して $f(a,b) > f(x,y)\cdots①$ が成り立つとき、$z = f(x,y)$ は点 A で**極大**であるといい、$f(a,b)$ をその**極大値**という。

また、もし、$f(a,b) < f(x,y)\cdots②$ が成り立つとき、$z = f(x,y)$ は点 A で**極小**であるといい、$f(a,b)$ をその**極小値**という。

 レッスン

> 極大とは「部分的に最大」、極小とは「部分的に最小」ということです（下図）。

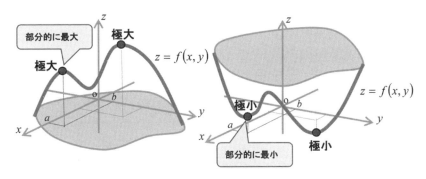

〔**解説**〕　2変数関数 $z = f(x,y)$ の極大、極小の考え方は 1 変数関数 $y = f(x)$ の場合と同じです。つまり、部分的に最大であるとき「極大」といい、部分的に最小のとき「極小」といいます。ただ、2変数関数の場合はどの方向から見ても極大、極小でなければなりません。なお、①、②の条件を

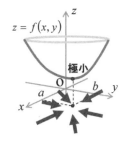

$$f(a,b) \geqq f(x,y) \cdots ①' \quad 、 \quad f(a,b) \leqq f(x,y) \cdots ②'$$

と不等号だけでなく等号も認めたとき、**弱い意味での極大、極小**といいます。

〔**例**〕 関数 $z = \sin x \sin y \ (-\pi \leqq x \leqq \pi, -\pi \leqq y \leqq \pi)$ は

$x = y = \pm\dfrac{\pi}{2}$ で極大値 1、

$x = \pm\dfrac{\pi}{2}, y = \mp\dfrac{\pi}{2}$ で極小値 -1

をとります（複号同順）。

(注) この場合、極大値、極小値はそれぞれ最大値、最小値と一致します。

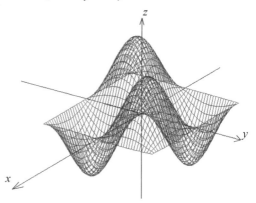

＜MEMO＞　近傍とは

定点 A と正の数 ε に対して $\overline{PA} < \varepsilon$ を満たす点 P の集合 $\{P \mid \overline{PA} < \varepsilon\}$ を点 A の ε **近傍**といいます。ここで、$\overline{PA}$ は 2 点 P、A 間の距離を表わします。なお、ここで使われる ε には**十分小さい正の数**というニュアンスが込められています。

〔**例**〕 (1) 区間 $(a - \varepsilon, a + \varepsilon)$ は $x = a$ の ε 近傍です。

(2) 円状の区間 $(x - a)^2 + (y - b)^2 = r^2 \ (r > 0)$ の内部は点 (a, b) の r 近傍です。

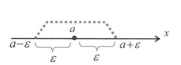

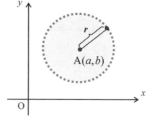

6-11 極大・極小になるための必要条件

2変数関数 $z = f(x,y)$ が連続な偏導関数をもつ領域内において、$z = f(x,y)$ を極大、または極小にする x、y の値は連立方程式 $f_x(x,y) = 0$、$f_y(x,y) = 0$ の解でなければならない。

 レッスン

> $f_x(x,y) = 0$、$f_y(x,y) = 0$ は極値の必要条件ですが、十分条件ではありません。

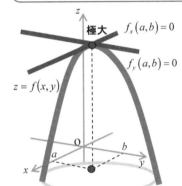

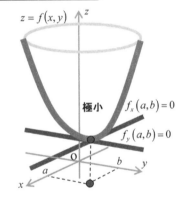

〔解説〕 2変数関数 $z = f(x,y)$ が点 (a,b) で極値をもつためには、1変数関数 $z = f(x,b)$ は $x = a$ で極値をもつ必要があります。したがって、x についての偏導関数 $f_x(x,b)$ は $x = a$ で 0 である必要があります（§3-12 参照）。つまり、$f_x(a,b) = 0$ です。同様にして $f_y(a,b) = 0$ であることも必要です。したがって (a,b) は連立方程式

$f_x(x,y) = 0$、$f_y(x,y) = 0$ の解である必要があります。

〔例〕 2変数関数 $z = f(x,y) = x^2 + y^2$ が極値をとるとすれば、$f_x(x,y) = 2x = 0$、$f_y(x,y) = 2y = 0$ を満たす点 $(0,0)$ となります。

6-12 極大・極小の判定

2 変数関数 $z = f(x, y)$ は連続な第 2 次偏導関数をもち、点 A(a, b) で、
$f_x(a, b) = 0$, $f_y(a, b) = 0$ とする。
$\Delta = \{f_{xy}(a, b)\}^2 - f_{xx}(a, b) f_{yy}(a, b)$ とするとき、

(1) $\Delta < 0$ のとき
$f_{xx}(a, b) > 0$ 　ならば　$f(x, y)$ は点 A(a, b) で極小
$f_{xx}(a, b) < 0$ 　ならば　$f(x, y)$ は点 A(a, b) で極大

(2) $\Delta > 0$ のとき
$f(x, y)$ は点 A(a, b) で極値をとらない

(3) $\Delta = 0$ のとき
$f(x, y)$ は点 A(a, b) で極値をとることもとらないこともある

レッスン

第 2 次偏導関数まで調べれば、極大か極小かの判定ができます。

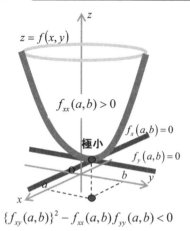

$z = f(x, y)$

$f_{xx}(a, b) > 0$

極小　　$f_x(a, b) = 0$

$f_y(a, b) = 0$

$\{f_{xy}(a, b)\}^2 - f_{xx}(a, b) f_{yy}(a, b) < 0$

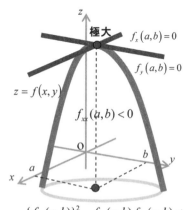

極大　$f_x(a, b) = 0$

$f_y(a, b) = 0$

$z = f(x, y)$

$f_{xx}(a, b) < 0$

$\{f_{xy}(a, b)\}^2 - f_{xx}(a, b) f_{yy}(a, b) < 0$

1 変数関数の極大、極小の条件と見比べてみましょう。似ていますね。

$f'(a) = 0$ のとき

$\quad f''(a) > 0$ のとき $f(x)$ は $x = a$ で極小

$\quad f''(a) < 0$ のとき $f(x)$ は $x = a$ で極大

1 変数関数の極大・極小

2 変数関数の極大・極小

$f_x(a,b) = 0$ ， $f_y(a,b) = 0$ 、$\{f_{xy}(a,b)\}^2 - f_{xx}(a,b)f_{yy}(a,b) < 0$ のとき

$\quad f_{xx}(a,b) > 0$ ならば $f(x,y)$ は A(a, b) で極小

$\quad f_{xx}(a,b) < 0$ ならば $f(x,y)$ は A(a, b) で極大

〔**解説**〕 関数の極大・極小の判定における第 1 次導関数と第 2 次導関数の役割は、1 変数関数と 2 変数関数では共通していることがわかります。なお、ここで紹介した極大、極小の判定法の成立理由は「テイラーの定理」と「2 次方程式の判別式」の考えに基づきます。

〔**例**〕 関数 $z = f(x,y) = x^2 + y^2$ の極値を求めてみましょう。

$\quad f_x = 2x$, $f_y = 2y$ より、$f_x = f_y = 0$ を満たす (x,y) は $(0,0)$ のみです。つまり z が極値をとるとすれば、原点 O $(0,0)$ です。

$\quad$ ここで、$f_{xx} = 2$, $f_{xy} = 0$, $f_{yy} = 2$ より

$\Delta = f_{xy}{}^2 - f_{xx}f_{yy} = 0 - 4 = -4 < 0$

これと $f_{xx} = 2 > 0$ より

$z = f(x,y) = x^2 + y^2$ は原点 O $(0,0)$ で極小

となります。

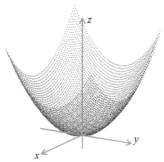

x の関数 y が $f(x, y) = 0$ によって定められるとき、y は x の**陰関数**であるという。このとき、$\dfrac{dy}{dx} = -\dfrac{f_x(x, y)}{f_y(x, y)}$ が成立する。

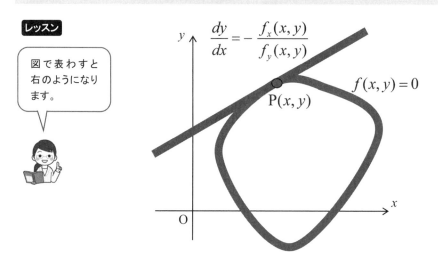

レッスン

図で表わすと右のようになります。

〔**解説**〕 陰関数 $f(x, y) = 0$ に対し、y は x の関数で x で微分可能と考え、$f(x, y) = 0$ の両辺を x で微分すると （§6-7）、

$$\frac{\partial f}{\partial x}\frac{dx}{dx} + \frac{\partial f}{\partial y}\frac{dy}{dx} = 0 \quad つまり、\frac{\partial f}{\partial x} + \frac{\partial f}{\partial y}\frac{dy}{dx} = 0 \quad \textbf{（注1）参照}$$

ここで、$\dfrac{\partial y}{\partial x} \neq 0$ とすると、$\dfrac{dy}{dx} = -\dfrac{\dfrac{\partial f}{\partial x}}{\dfrac{\partial f}{\partial y}} = -\dfrac{f_x(x, y)}{f_y(x, y)}$ を得ます。

なお、第2次偏導関数も連続であれば、

$$\frac{d^2 y}{dx^2} = \frac{d}{dx}\left(\frac{dy}{dx}\right) = \frac{d}{dx}\left(-\frac{f_x}{f_y}\right) = -\frac{\left(f_{xx} + f_{xy}\dfrac{dy}{dx}\right)f_y - f_x\left(f_{yx} + f_{yy}\dfrac{dy}{dx}\right)}{\left(f_y\right)^2}$$

$$= -\frac{\left\{f_{xx} + f_{xy}\left(-\dfrac{f_x}{f_y}\right)\right\}f_y - f_x\left\{f_{yx} + f_{yy}\left(-\dfrac{f_x}{f_y}\right)\right\}}{\left(f_y\right)^2}$$

$$= -\frac{f_{xx}(f_y)^2 - f_{xy}f_x f_y - f_{yx}f_x f_y + f_{yy}(f_x)^2}{\left(f_y\right)^3} = -\frac{f_{xx}(f_y)^2 - 2f_{xy}f_x f_y + f_{yy}(f_x)^2}{\left(f_y\right)^3}$$

$$= -\frac{\dfrac{\partial^2 f}{\partial x^2}\left(\dfrac{\partial f}{\partial y}\right)^2 - 2\dfrac{\partial^2 f}{\partial y\partial x}\dfrac{\partial f}{\partial x}\dfrac{\partial f}{\partial y} + \dfrac{\partial^2 f}{\partial y^2}\left(\dfrac{\partial f}{\partial x}\right)^2}{\left(\dfrac{\partial f}{\partial y}\right)^3}$$

(注 1) §6-7 より、$z = f(u,v)$ の u, v が x の関数であるとき、$\dfrac{dz}{dx} = f_u \dfrac{du}{dx} + f_v \dfrac{dv}{dx}$ です。

したがって、$z = f(x,y)$ の y が x の関数であるとき、$\dfrac{dz}{dx} = f_x \dfrac{dx}{dx} + f_y \dfrac{dy}{dx} = f_x + f_y \dfrac{dy}{dx}$

(注 2) u, v が x の関数であるとき、$\left(\dfrac{u}{v}\right)' = \dfrac{u'v - uv'}{v^2}$

〔例〕 $f(x,y) = x^2 + y^2 - 1 = 0$ によって定められる x の関数 y は陰関数である。このとき、$f_x = 2x$、$f_y = 2y$、$f_{xx} = 2$、$f_{xy} = 0$、$f_{yy} = 2$ なので、

$$y \neq 0 \text{ のとき、} \quad \frac{dy}{dx} = -\frac{f_x(x,y)}{f_y(x,y)} = -\frac{x}{y}$$

$$\frac{d^2 y}{dx^2} = -\frac{f_{xx}(f_y)^2 - 2f_{xy}f_x f_y + f_{yy}(f_x)^2}{\left(f_y\right)^3} = -\frac{y^2 + x^2}{y^3}$$

(注 3) 陰関数 $f(x,y) = x^2 + y^2 - 1 = 0$ を陽関数表示すると、$y \geqq 0$ のとき $y = \sqrt{1 - x^2}$、$y < 0$ のとき $y = -\sqrt{1 - x^2}$ となる。これらの関数を微分して上記を確かめるとよい。

6-14 2変数関数の微分可能

変数 x, y がそれぞれ a から $a+\Delta x$、b から $b+\Delta y$ まで変化したとき、$\Delta x, \Delta y$ に関係しない定数 α、β が存在して、

$$\Delta z = \alpha \Delta x + \beta \Delta y + \varepsilon \rho \quad \cdots ①$$

と書けるとき、関数 $z = f(x, y)$ は点 (a, b) において**全微分可能**であるという。ただし、$\Delta z = f(a+\Delta x, b+\Delta y) - f(a, b)$、$\rho = \sqrt{(\Delta x)^2 + (\Delta y)^2}$、$\varepsilon$ は a、b、Δx、Δy の関数で、$\rho \to 0$ のとき $\varepsilon \to 0$ を満たす。

また、$z = f(x, y)$ が領域内の各点で全微分可能のとき、$z = f(x, y)$ はその**領域で全微分可能**であるという。

レッスン

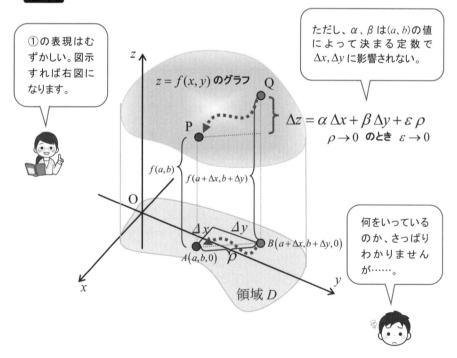

①の表現はむずかしい。図示すれば右図になります。

ただし、α、β は (a, b) の値によって決まる定数で $\Delta x, \Delta y$ に影響されない。

$z = f(x, y)$ のグラフ

$\Delta z = \alpha \Delta x + \beta \Delta y + \varepsilon \rho$
$\rho \to 0$ のとき $\varepsilon \to 0$

$f(a, b)$

$f(a+\Delta x, b+\Delta y)$

Δx Δy

$A(a, b, 0)$ ρ $B(a+\Delta x, b+\Delta y, 0)$

領域 D

何をいっているのか、さっぱりわかりませんが……。

〔解説〕 1変数関数 $y = f(x)$ の場合に比べ、2変数関数 $z = f(x, y)$ の微分可能はすごく複雑に感じます。まずは、1変数関数 $y = f(x)$ の微分可能の定義について振り返ってみましょう。

(定義1) 変数 x が $x = a$ から $x = a + \Delta x$ まで変化したときの関数 $y = f(x)$ の増分 Δy は $\Delta y = f(a + \Delta x) - f(a)$ と書けます。ここで、$\Delta x \to 0$ のとき、

平均変化率 $\dfrac{\Delta y}{\Delta x}$ がある一定の値 α

に収束すれば、つまり、

$$\lim_{\Delta x \to 0} \frac{\Delta y}{\Delta x} = \lim_{\Delta x \to 0} \frac{f(a + \Delta x) - f(a)}{\Delta x} = \alpha$$

…②

であれば、関数 $f(x)$ は $x = a$ で**微分可能**であるといいます。

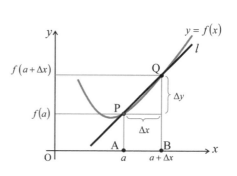

(注1)　この一定の値 α を関数 $f(x)$ の $x = a$ における**微分係数**といい $f'(a)$ と書きます。

　1変数関数 $y = f(x)$ におけるこの微分可能の定義は次のように書き換えることができます。

(定義2) 変数 x が a から $a + \Delta x$ まで変化したとき、$\Delta y = f(a + \Delta x) - f(a)$ が定数 α を用いて

　　$\Delta y = \alpha \Delta x + \varepsilon \rho$　…③

と書けるとき、関数 $y = f(x)$ は点 $x = a$ において**微分可能**であるという。ただし、α は Δx に関係しない定数、$\rho = \sqrt{(\Delta x)^2} = |\Delta x|$、$\varepsilon$ は a、Δx の関数で、$\rho \to 0$ の

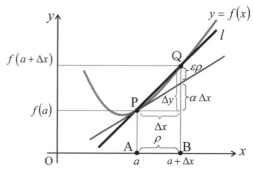

とき $\varepsilon \rightarrow 0$ を満たすものとします。

(注2) 前ページの定義1と定義2の表現は違いますが、同じ意味です（＜MEMO＞参照）。

　この1変数関数における定義（定義2）を2変数関数の微分可能の定義に拡張したのが本節の冒頭の定義です。つまり、

$$y = f(x) \cdots \cdots \quad \Delta y = \alpha \Delta x + \varepsilon \rho \cdots ③、\quad \rho = \sqrt{(\Delta x)^2} = |\Delta x|$$

$$\downarrow$$

$$z = f(x, y) \cdots \cdots \quad \Delta z = \alpha \Delta x + \beta \Delta y + \varepsilon \rho \cdots ①、\quad \rho = \sqrt{(\Delta x)^2 + (\Delta y)^2}$$

ただし、1変数関数 $y = f(x)$ の場合は $\rho = |\Delta x|$ が0に近づくとき x 軸方向の変化だけを考慮すればよかったのですが、2変数関数の場合はそう単純ではありません。この場合、$\rho \rightarrow 0$ とは、$\rho = \sqrt{(\Delta x)^2 + (\Delta y)^2}$ の $\Delta x, \Delta y$ がお互いに独立に変化しながらともに0に近づくことになるからです。つまり、点 $B(a + \Delta x, b + \Delta y)$ は点 $A(a, b)$ にいろいろなルートで近づくことになります。このことが、2変数関数の微分可能ということを格段に複雑にしています。

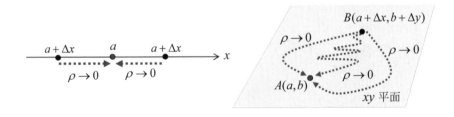

　なお、§6-3で紹介した x 軸方向、y 軸方向に限定した**偏微分可能**に対して、どんなルートを辿って $\rho \rightarrow 0$ になっても、①が成り立つということで、2変数関数が微分可能であることを「全」を頭に付けて**全微分可能**であるといいます。本書では、今後、2変数関数に対しては、この全微分可能という言葉を使うことにします。

〔例〕 $z = f(x, y) = x^2 + y^2$ は点 (a, b) で全微分可能か調べてみましょう。

$\Delta z = f(a + \Delta x, b + \Delta y) - f(a, b) = (a + \Delta x)^2 + (b + \Delta x)^2 - (a^2 + b^2)$

$\quad = 2a\Delta x + 2b\Delta y + \{(\Delta x)^2 + (\Delta y)^2\} = 2a\Delta x + 2b\Delta y + \varepsilon \rho$

ただし、

$\rho = \sqrt{(\Delta x)^2 + (\Delta y)^2}$, $\varepsilon = \sqrt{(\Delta x)^2 + (\Delta y)^2}$

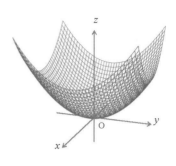

このとき、$\alpha = 2a$, $\beta = 2b$ で、これらは $\Delta x, \Delta y$ に無関係な定数です。また、ε は $\rho \to 0$ のとき $\varepsilon \to 0$ を満たします。

よって、$z = f(x, y) = x^2 + y^2$ は点 (a, b) で全微分可能です。

〔例〕 $z = f(x, y) = x^2 y$ は点 (a, b) で全微分可能か調べてみましょう。

$\Delta z = f(a + \Delta x, b + \Delta y) - f(a, b) = (a + \Delta x)^2 (b + \Delta y) - a^2 b$

$\quad = 2ab\Delta x + a^2\Delta y + \{b(\Delta x)^2 + 2a\Delta x\Delta y + (\Delta x)^2\Delta y\}$

$\quad = 2ab\Delta x + a^2\Delta y + \varepsilon \rho$

ただし、

$\rho = \sqrt{(\Delta x)^2 + (\Delta y)^2}$,

$\varepsilon = \dfrac{b(\Delta x)^2 + 2a\Delta x\Delta y + (\Delta x)^2 \Delta y}{\sqrt{(\Delta x)^2 + (\Delta y)^2}}$

$\quad = \dfrac{\Delta x}{\sqrt{(\Delta x)^2 + (\Delta y)^2}}(b\Delta x + 2a\Delta y + \Delta x\Delta y)$

> $\dfrac{\Delta x}{\sqrt{(\Delta x)^2 + (\Delta y)^2}}$ は $\cos\theta$ と書けるので有限な値です。ただし、θ はベクトル $(\Delta x, \Delta y)$ が x 軸となす角です。

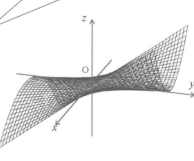

このとき、$\alpha = 2ab$, $\beta = a^2$ で、これらは $\Delta x, \Delta y$ に無関係な定数です。また、ε は $\rho \to 0$ のとき $\varepsilon \to 0$ を満たします。

よって、$z = f(x, y) = x^2 y$ は点 (a, b) で全微分可能です。

<MEMO> （定義 1)と(定義 2)の関係

　257 ページの(定義 1)と(定義 2)は表現こそ異なりますが、同じことを述べています。その理由を調べてみましょう。

　(定義 2)の　$\Delta y = \alpha \Delta x + \varepsilon \rho$　・・・③　の両辺を Δx で割ると

$$\frac{\Delta y}{\Delta x} = \alpha + \varepsilon \frac{\rho}{\Delta x} = \alpha + \varepsilon \frac{|\Delta x|}{\Delta x} = \alpha \pm \varepsilon$$

$\rho = |\Delta x| \to 0$ のとき $\Delta x \to 0$ であり、かつ、$\varepsilon \to 0$ です。よって、

$$\lim_{\Delta x \to 0} \frac{\Delta y}{\Delta x} = \lim_{\Delta x \to 0} \frac{f(a + \Delta x) - f(a)}{\Delta x} = \lim_{\Delta x \to 0} \left(\alpha + \varepsilon \frac{|\Delta x|}{\Delta x} \right) = \lim_{\Delta x \to 0} (\alpha \pm \varepsilon) = \alpha$$

となり、(定義 1)の②が成立します。

　逆に、(定義 1)の②が成立しているとしましょう。つまり、

$$\lim_{\Delta x \to 0} \frac{\Delta y}{\Delta x} = \lim_{\Delta x \to 0} \frac{f(a + \Delta x) - f(a)}{\Delta x} = \alpha \cdots ②$$

ここで、$\frac{\Delta y}{\Delta x} = \alpha + \varepsilon$　・・・・④　と置くと、②より $\Delta x \to 0$ のとき $\varepsilon \to 0$

となります。また、④より、$\Delta y = \alpha \Delta x + \varepsilon \Delta x \cdots ⑤$　と書けます。

　ここで、$\Delta x \to 0$ と $\rho = |\Delta x| \to 0$ は同値であることより、⑤は

　　　$\Delta y = \alpha \Delta x + \varepsilon \rho$　　ただし、$\rho \to 0$ のとき $\varepsilon \to 0$

と書けます。したがって③が成立します。

6-15 全微分

$z = f(x, y)$ が (x, y) で全微分可能であるとき、
$$dz = f_x(x, y)\Delta x + f_y(x, y)\Delta y$$
を $z = f(x, y)$ の (x, y) における **全微分** という。

レッスン

右図の dz が
全微分です。

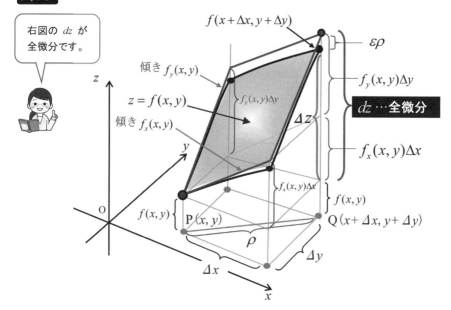

〔**解説**〕 まずは $z = f(x, y)$ が (x, y) で全微分可能であるとはどういうことかを復習しましょう。

変数 x, y がそれぞれ x から $x + \Delta x$ 、y から $y + \Delta y$ まで変化したとき、$\Delta x, \Delta y$ に関係しない定数 α 、β が存在して、

$$\Delta z = \alpha\, \Delta x + \beta\, \Delta y + \varepsilon\, \rho \quad \cdots ①$$

と書けるとき、関数 $z = f(x, y)$ は点 (x, y) において**全微分可能**であると いいました（§6-14）。ただし、$\Delta z = f(x + \Delta x, y + \Delta y) - f(x, y)$、 $\rho = \sqrt{(\Delta x)^2 + (\Delta y)^2}$、$\varepsilon$ は a、b、Δx、Δy の関数で、$\rho \to 0$ のとき $\varepsilon \to 0$ を満たします。

この定義より次のことが成り立ちます。

　関数 $z = f(x, y)$ が点 (x, y) において全微分可能ならば、x, y がそれぞ れ x から $x + \Delta x$、y から $y + \Delta y$ まで変化したとき z の増分 Δz は

$$\Delta z = f_x(x, y)\Delta x + f_y(x, y)\Delta y + \varepsilon \rho$$

と書ける。

理由は簡単です。つまり、全微分可能であれば Δx と Δy に無関係に① が成り立つので、$\Delta y = 0$ のときも成り立ちます。このとき、①は

$$\Delta z = \alpha \Delta x + \varepsilon \rho \quad \cdots ② \quad ただし、\rho = |\Delta x| \to 0 \text{ のとき } \varepsilon \to 0$$

となります。この②の両辺を Δx で割ると

$$\frac{\Delta z}{\Delta x} = \alpha + \varepsilon \frac{\rho}{\Delta x} = \alpha + \varepsilon \frac{|\Delta x|}{\Delta x} = \alpha \pm \varepsilon \quad \cdots ③$$

となります。$|\Delta x| \to 0$ と $\Delta x \to 0$ は同値なので次の式が成立します。

$$f_x(x, y) = \lim_{\Delta x \to 0} \frac{f(x + \Delta x, y) - f(x, y)}{\Delta x} = \lim_{\Delta x \to 0} \frac{\Delta z}{\Delta x} = \lim_{\Delta x \to 0} (\alpha \pm \varepsilon) = \alpha$$

これは、点 (x, y) において $f_x(x, y)$ が存在して、それが α に等しいこと を意味します。同様にして①が成り立つならば $f_y(x, y)$ が存在して、そ れが β に等しくなります。よって、関数 $z = f(x, y)$ が点 (x, y) において全 微分可能であるとき

$$\Delta z = f_x(x, y)\Delta x + f_y(x, y)\Delta y + \varepsilon \rho \quad \cdots ③$$

となります。したがって、ρ が十分小さいとき

$$\Delta z \fallingdotseq f_x(x, y)\Delta x + f_y(x, y)\Delta y$$

となります。この右辺を dz で表わし、これを z の**全微分**といいます。

$$dz = f_x(x, y)\Delta x + f_y(x, y)\Delta y \quad \cdots ④$$

つまり、Δz の主要部である Δx、Δy の1次式 $f_x(x, y)\Delta x + f_y(x, y)\Delta y$ を dz と表わし、これを関数 $z = f(x, y)$ の全微分と呼ぶのです。

（注）　$dz, \Delta z, \Delta x, \Delta y, f_x(x, y), f_y(x, y), \varepsilon, \rho$ の関係を図示したのが冒頭の図になります。

ここで、2変数関数 $f(x, y)$ の x, y は独立変数なので微分 dx, dy と $\Delta x, \Delta y$ は各々等しいとみなす（§2-24)と④の全微分 dz は次のように書けます。

$$dz = f_x(x, y)\,dx + f_y(x, y)\,dy = \frac{\partial f}{\partial x}dx + \frac{\partial f}{\partial y}dy \quad \cdots ⑤$$

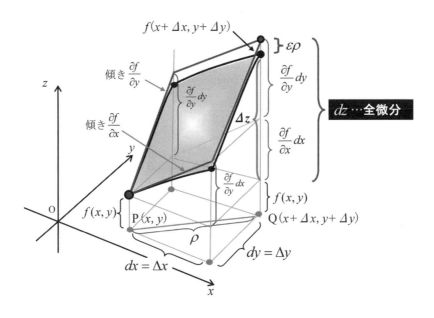

〔例〕

(1) 関数 $z = x^2 + y^2$ の (x, y) における全微分は $dz = 2xdx + 2ydy$ です。

(2) 関数 $z = x^2 y$ の (x, y) における全微分は $dz = 2xydx + x^2 dy$ です。

＜MEMO＞ 接平面と全微分

1 変数関数 $y = f(x)$ の微分 $dy = f'(x)dx$ は接線の傾きと関係しています（§2-24）。これに対して全微分 $dz = f_x(x, y)\,dx + f_y(x, y)\,dy \cdots ⑤$ は、接する平面の傾き具合を表わす**勾配**と関係しています。

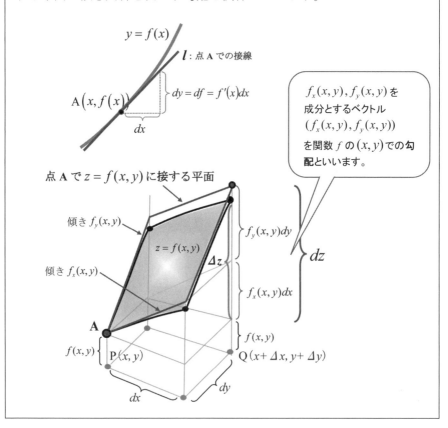

$f_x(x, y), f_y(x, y)$ を成分とするベクトル $(f_x(x, y), f_y(x, y))$ を関数 f の (x, y) での勾配といいます。

6-16 方向微分係数と全微分可能

(1)　点 $B(a+\Delta x, b+\Delta y)$ が点 $A(a,b)$ に、線分 BA が x 軸となす角 θ を一定に保ちながら限りなく近づくとき、$\dfrac{\Delta z}{\rho}$ が極限値をもてば、この値を $z=f(x,y)$ の点 $A(a,b)$ における θ 方向の**方向微分係数**と呼ぶ。ここで、$\rho=\sqrt{(\Delta x)^2+(\Delta y)^2}$ 、$\Delta z=f(a+\Delta x, b+\Delta y)-f(a,b)$ とする。

(2)　点 (a,b) で関数 $z=f(x,y)$ が全微分可能であれば、点 (a,b) における θ 方向の方向微分係数は　$f_x(a,b)\cos\theta+f_y(a,b)\sin\theta$ となる。

レッスン

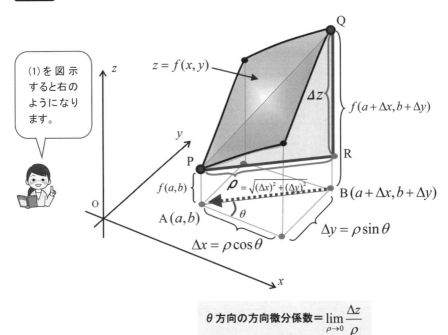

(1)を図示すると右のようになります。

θ 方向の方向微分係数 $=\displaystyle\lim_{\rho\to0}\frac{\Delta z}{\rho}$

〔**解説**〕　1変数関数 $y = f(x)$ の場合、

$\Delta x \to 0$ のとき、平均変化率 $\dfrac{\Delta y}{\Delta x}$（つま

り、右図の PQ の傾き）がある一定の

値 α に収束すれば、つまり、

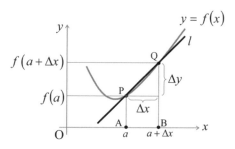

$$\lim_{\Delta x \to 0} \frac{\Delta y}{\Delta x} = \lim_{\Delta x \to 0} \frac{f(a + \Delta x) - f(a)}{\Delta x} = \alpha$$

であれば、この α を $x = a$ における微分係数といい、$f'(a)$ と書きました。

2変数関数の場合、このような微分係数はどう表現されるのでしょうか。

この疑問に対する回答が(1)の「**方向微分係数**」です。この方向微分係数

は図形的には前ページの線分 PQ の傾き $\dfrac{RQ}{PR}$ の $\rho \to 0$ としたときの極限

値に相当します。つまり、

$$\theta\text{方向の方向微分係数} = \lim_{B \to A} \frac{RQ}{AB} = \lim_{B \to A} \frac{RQ}{PR} = \lim_{\rho \to 0} \frac{\Delta z}{\rho}$$

関数 $z = f(x, y)$ が点 (a, b) で全微分可能であればどんな θ の値に対し

ても方向微分係数は存在し、その値は(2)によって与えられます。このこ

とを以下に解説しましょう。

関数 $z = f(x, y)$ が点 (a, b) で全微分可能であれば、Δx、Δy に関係しな

い定数 α、β が存在して

$$\Delta z = f(a + \Delta x, b + \Delta y) - f(a, b) = \alpha \Delta x + \beta \Delta y + \varepsilon \rho \quad \cdots ①$$

　　　ただし、$\rho = \sqrt{(\Delta x)^2 + (\Delta y)^2}$ で $\rho \to 0$ のとき　$\varepsilon \to 0$

と書けました（§6-14）。

また、全微分可能であれば、①は偏微分係数 $f_x(a, b), f_y(a, b)$ を用い

て、次の②のように書き換えることができます（§6-15）。

266

$$\Delta z = f_x(a,b)\Delta x + f_y(a,b)\Delta y + \varepsilon\rho \quad \cdots ②$$

ここで、$\Delta x = \rho\cos\theta, \Delta y = \rho\sin\theta$ とすると（下図）、②は

$$\Delta z = f_x(a,b)\rho\cos\theta + f_y(a,b)\rho\sin\theta + \varepsilon\rho$$

となり、両辺を ρ で割ると、

$$\frac{\Delta z}{\rho} = f_x(a,b)\cos\theta + f_y(a,b)\sin\theta + \varepsilon$$

を得ます。$\rho \to 0$ のとき $\varepsilon \to 0$ なので、

$$\lim_{\rho \to 0}\frac{\Delta z}{\rho} = f_x(a,b)\cos\theta + f_y(a,b)\sin\theta \quad \cdots ③$$

これが、点 (a,b) における関数 $z = f(x,y)$ の θ 方向の「**方向微分係数**」になります。この方向微分係数は θ の値によって異なります。また、$\theta = 0$ のとき③は $f_x(a,b)$、$\theta = \pi/2$ のとき③は $f_y(a,b)$ となり、それぞれ偏微分係数（§6-3）になります。つまり、<u>偏微分係数は方向微分係数の特殊な場合</u>と考えられます。

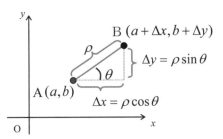

〔**例**〕 2変数関数 $z = f(x,y) = x^2 + y^2$ 上の点 (a,b) における θ 方向の方向微分係数を求めてみましょう。

$\Delta x = \rho\cos\theta, \Delta y = \rho\sin\theta$ とすると、

$$\lim_{\rho \to 0} \frac{\Delta z}{\rho} = \lim_{\rho \to 0} \frac{f(a+\Delta x, b+\Delta y) - f(a,b)}{\rho} = \lim_{\rho \to 0} \frac{f(a+\rho\cos\theta, b+\rho\sin\theta) - f(a,b)}{\rho}$$

$$= \lim_{\rho \to 0} \frac{(a+\rho\cos\theta)^2 + (b+\rho\sin\theta)^2 - (a^2+b^2)}{\rho}$$

$$= \lim_{\rho \to 0} \frac{\rho(2a\cos\theta + 2b\sin\theta) + \rho^2}{\rho}$$

$$= \lim_{\rho \to 0}(2a\cos\theta + 2b\sin\theta + \rho) = 2a\cos\theta + 2b\sin\theta$$

これが方向微分係数です。

なお、$z = f(x,y) = x^2 + y^2$ は点 (a,b) で全微分可能です（§6-14）。

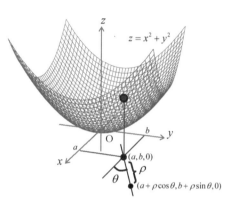

したがって、(2)を用いれば、

$$f_x(x,y) = 2x \, , \, f_y(x,y) = 2y$$

より、θ 方向の方向微分係数は上記の lim 計算をせずに次のように求められます。

$$f_x(a,b)\cos\theta + f_y(a,b)\sin\theta$$
$$= 2a\cos\theta + 2b\sin\theta$$

＜MEMO＞　偏微分可能と全微分可能

全微分可能であれば偏微分可能ですが、この逆は成立しません。x 方向と y 方向の2つの方向で微分係数が存在しても、それ以外のあらゆる方向についての微分係数の存在は保証されないからです。しかし、$f_x(x,y)$ と $f_y(x,y)$ が連続であれば次のことが成り立ちます。

「関数 $z = f(x,y)$ が (a,b) の近傍で偏微分可能であって、$f_x(x,y)$ と $f_y(x,y)$ が連続であれば $z = f(x,y)$ は全微分可能である。」

第7章　重積分

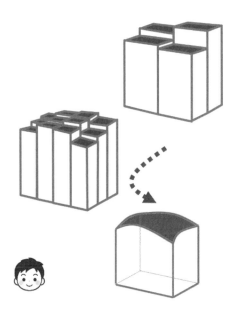

前章の偏微分では、2変数関数の微分とはどういうものかを調べてみました。この章では、2変数関数の積分を調べてみることにします。1変数関数の積分は微小長方形の和の極限でしたが、これに対し、2変数関数の積分は上図のように微小直方体の和の極限となります。

7-1 二重積分の定義

関数 $z = f(x, y)$ が閉領域 $D(a \leqq x \leqq b, c \leqq y \leqq d)$ で定義されている。この

とき、$\displaystyle \lim_{\substack{n \to \infty \\ m \to \infty}} \sum_{i,j} f\left(x_i, y_j\right) \Delta x \Delta y$ の極限値を $\displaystyle \iint_D f(x, y) \, dx dy$ と書く。

つまり、$\displaystyle \iint_D f(x, y) \, dx dy = \lim_{\substack{n \to \infty \\ m \to \infty}} \sum_{i,j} f\left(x_i, y_j\right) \Delta x \Delta y$ $\cdots$①

ただし、Δx、Δy、(x_i, y_j)、m、n の意味については下図の通りとする。

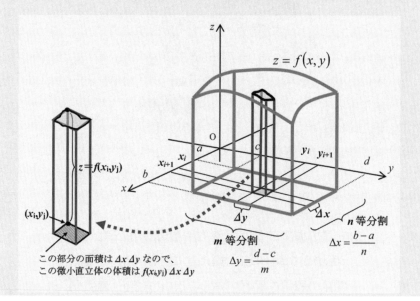

この部分の面積は $\Delta x \Delta y$ なので、
この微小直立体の体積は $f(x_i, y_j) \Delta x \Delta y$

レッスン

なんだかややこしそうたけど、要は、「立体の体積を微小直方体の体積の和で近似し、その極限値を考えよう」ということです。

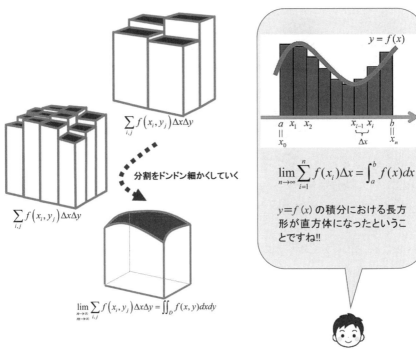

$$\sum_{i,j} f\left(x_i, y_j\right) \Delta x \Delta y$$

$$\sum_{i,j} f\left(x_i, y_j\right) \Delta x \Delta y$$

分割をドンドン細かくしていく

$$\lim_{\substack{n \to \infty \\ m \to \infty}} \sum_{i,j} f\left(x_i, y_j\right) \Delta x \Delta y = \iint_D f(x,y) dxdy$$

$$\lim_{n \to \infty} \sum_{i=1}^{n} f(x_i) \Delta x = \int_a^b f(x) dx$$

$y = f(x)$ の積分における長方形が直方体になったということですね!!

〔**解説**〕 関数 $z = f(x, y)$ が定義された閉領域 $D(a \leqq x \leqq b, c \leqq y \leqq d)$ を右図のように $m \times n$ 個の小さな長方形 D_{ij} ($i=1,2,\cdots,m$：$j=1,2,\cdots,n$)に分割します。ただし、ここでは、区間 $a \leqq x \leqq b$ を n 等分し、区間 $c \leqq y \leqq d$ を m 等分し、$\Delta x = \dfrac{b-a}{n}$，$\Delta y = \dfrac{d-c}{m}$ とします。

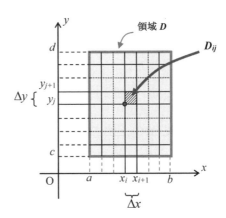

次に D_{ij} に属する点 (x_i, y_j) をとり、$f(x_i, y_j)\Delta x\Delta y$ を考えます(注 1)。これは 270 ページの図の直方体の体積です(注 2)。このような直方体の体積を $m \times n$ 個のすべての領域で求め、その総和を算出します。つまり、

$$\sum_{i,j} f\left(x_i, y_j\right)\Delta x\Delta y \quad \cdots ②$$

ここで、分割をどんどん細かくしていくとき（$n \to \infty$, $m \to \infty$ とするとき）、②が一定の値に限りなく近づくならば、関数 $f(x, y)$ は閉領域 D において**積分可能**であるといいます。また、この極限値を閉領域 D における $f(x, y)$ の**二重積分**といい、次の記号で表わします。

$$\iint_D f(x, y)dxdy$$

なお、「**閉領域 D で $f(x, y)$ が連続であるとき、$f(x, y)$ は D において積分可能である**」ことが証明されています。

（注 1）　$\Delta x\Delta y = D_{ij}$ の面積

（注 2）　$f(x_i, y_j) < 0$ の場合は体積にマイナスをつけた値です。

（注 3）　二重積分のより厳密な定義については節末の＜MEMO＞参照。

〔**例**〕

　関数 $z = f(x, y) = -(x^2 + y^2) + 2$ の閉領域 D $(0 \leqq x \leqq 1, 0 \leqq y \leqq 1)$ における $\iint_D f\left(x, y\right)dxdy$ の値を求めてみましょう。

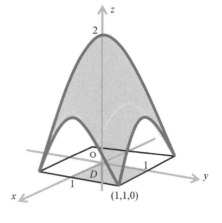

問題を図示するとグラフと閉領域 D は前ページの図のようになります。区間 $0 \leqq x \leqq 1$ を n 等分、区間 $0 \leqq y \leqq 1$ を m 等分し、$\Delta x = \dfrac{1}{n}$、$\Delta y = \dfrac{1}{m}$ とすると、

$$\sum_{i,j} f\left(x_i, y_j\right) \Delta x \Delta y = \sum_{j=1}^{m}\left(\sum_{i=1}^{n} f\left(x_i, y_j\right)\right) \Delta x \Delta y$$

$$= \sum_{j=1}^{m}\left\{\sum_{i=1}^{n}\left(-x_i^{\,2} - y_j^{\,2} + 2\right)\right\} \Delta x \Delta y$$

$$= \sum_{j=1}^{m}\left\{\left(-x_1^{\,2} - x_2^{\,2} - x_3^{\,2} - \cdots - x_n^{\,2}\right) - n y_j^{\,2} + 2n\right\} \Delta x \Delta y$$

$$= \left\{m\left(-x_1^{\,2} - x_2^{\,2} - x_3^{\,2} - \cdots - x_n^{\,2}\right) + n\left(-y_1^{\,2} - y_2^{\,2} - y_3^{\,2} - \cdots - y_m^{\,2}\right) + 2nm\right\} \Delta x \Delta y$$

$$= \left[m\left\{-\left(\frac{1}{n}\right)^2 - \left(\frac{2}{n}\right)^2 - \left(\frac{3}{n}\right)^2 - \cdots - \left(\frac{n}{n}\right)^2\right\} + n\left\{-\left(\frac{1}{m}\right)^2 - \left(\frac{2}{m}\right)^2 - \left(\frac{3}{m}\right)^2 - \cdots - \left(\frac{m}{m}\right)^2\right\} + 2nm\right] \times \frac{1}{mn}$$

$$= -\frac{n(n+1)(2n+1)}{6n^3} - \frac{m(m+1)(2m+1)}{6m^3} + 2$$

> k が定数のときは
> $$\sum_{i=1}^{n} k = nk, \quad \sum_{j=1}^{m} k = mk$$

定義より

$$\iint_D f\left(x, y\right) dx dy = \lim_{\substack{n \to \infty \\ m \to \infty}} \sum_{i,j} f\left(x_i, y_j\right) \Delta x \Delta y$$

$$= \lim_{\substack{n \to \infty \\ m \to \infty}} \left\{-\frac{n(n+1)(2n+1)}{6n^3} - \frac{m(m+1)(2m+1)}{6m^3} + 2\right\}$$

$$= \lim_{\substack{n \to \infty \\ m \to \infty}} \left\{-\frac{1}{6}\left(1 + \frac{1}{n}\right)\left(2 + \frac{1}{n}\right) - \frac{1}{6}\left(1 + \frac{1}{m}\right)\left(2 + \frac{1}{m}\right) + 2\right\}$$

$$= -\frac{2}{6} - \frac{2}{6} + 2 = \frac{4}{3}$$

(注4) 上記の式変形では次の数列の和の公式を使いました。

$$1^2 + 2^2 + 3^2 + \cdots + n^2 = \frac{n(n+1)(2n+1)}{6}$$

＜MEMO＞　二重積分のより厳密な定義

　先の説明では区間 $a \leqq x \leqq b$ を n 等分、区間 $c \leqq y \leqq d$ を m 等分しました。しかし、二重積分の厳密な定義においては、分割は任意です。

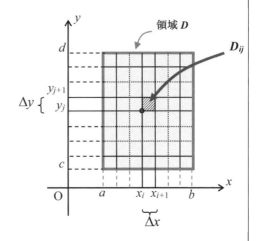

　したがって、分割後の x に関する小区間幅と y に関する小区間幅はそれぞれ i, j 値によって異なるので、

$$\Delta x_i = x_{i+1} - x_i, \quad \Delta y_j = y_{j+1} - y_j$$

と表現します。

　また、$f(x, y)$ の関数値を決める点は閉領域 D_{ij} 内の左下隅の (x_i, y_j) ではなく、閉領域内のどこにとってもよいことにします。つまり、(x_{ξ_i}, y_{ρ_j})、$x_i \leqq \xi_i \leqq x_{i+1}$ 、$y_j \leqq \rho_j \leqq y_{j+1}$ とします。

　こうしておいて、$\Delta x_i \to 0$ ，$\Delta y_j \to 0$ のとき $\displaystyle\sum_{i,j} f(x_{\xi_i}, y_{\rho_j}) \Delta x_i \Delta y_j$ が一定値に限りなく近づくならば、関数 $f(x, y)$ は閉領域 D において**積分可能**であるといい、その極限値を $\displaystyle\iint_D f(x, y) dx dy$ と表わします。

　ここではわかりやすくするため、x の区間、y の区間をそれぞれ等分割しましたが、**$f(x, y)$ が連続関数であれば、厳密な定義の分割の場合と等分割の場合では、その極限値（積分の値）は変わらない**ことがわかっています。

7-2 二重積分の定義の拡張

関数 $z = f(x, y)$ が閉領域 D で定義されている。この閉領域 D を任意の方法で n 個の閉領域 $D_1, D_2, \cdots, D_n$ に分割し各 D_i における任意の点を (x_i, y_i) とする。また、閉領域 D_i の面積を S_i で表わし、$\displaystyle\sum_{i=1}^{n} f(x_i, y_i)S_i$ を考える。ここで、n を限りなく大きくし、S_i を限りなく 0 に近づけていくとき、もし $\displaystyle\sum_{i=1}^{n} f(x_i, y_i)S_i$ が極限値をもてば、その値を $\displaystyle\iint_D f(x, y)dS$ または $\displaystyle\iint_D f(x, y)dxdy$ と書き、D における関数 $f(x, y)$ の二重積分という。つまり、$\displaystyle\iint_D f(x, y)dS = \iint_D f(x, y)dxdy = \lim_{n\to\infty} \sum_{i=1}^{n} f(x_i, y_i)S_i$

レッスン

$z = f(x, y)$ を積分する閉領域を矩形(長方形)の閉領域から閉曲線で囲まれた閉領域に一般化します。

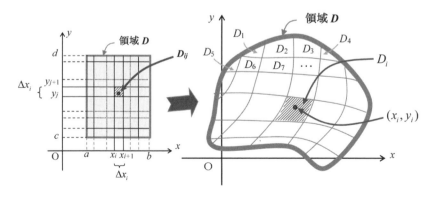

閉曲線に囲まれた閉領域のとき、下図の微小立体の体積 $f(x_i,y_i)S_i$ の総和 $\displaystyle\sum_{i=1}^{n}f(x_i,y_i)S_i$ の極限値を $\displaystyle\iint_D f(x,y)dS$ と表わし「二重積分」といいます。

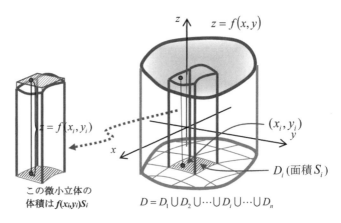

〔**解説**〕　前節では矩形（長方形）の閉領域で二重積分を定義しましたが、矩形にこだわる必要はありません。本節のように閉曲線で囲まれた閉領域 D に二重積分は拡張されます。つまり、閉領域を任意に分割し、分割された各閉領域から任意に (x_i, y_i) を選び、微小立体の体積 $f(x_i, y_i)S_i$（ただし、$f(x_i, y_i)<0$ ならば、体積にマイナスをつけた値）を計算し、それらの総和 $\displaystyle\sum_{i=1}^{n}f(x_i, y_i)S_i$ …① を考えます。その後、n を大きくして分割を無限に細かくし、各 D_i を限りなく 1 点に縮小させたとき、①が一定の値に近づけば、$f(x, y)$ は閉領域 D で積分可能であるといい、その値を二重積分といいます。前節と同様に「**閉領域 D で $f(x, y)$ が連続であるとき、$f(x, y)$ は D において積分可能である**」ことが証明されています。

7-3 体積と二重積分

関数 $z = f(x, y)$ が閉領域 D で積分可能であるとする。このとき、閉領域 D で $z = f(x, y) \geqq 0$ であれば、二重積分 $\displaystyle\iint_D f(x, y)dxdy$ の値をもって、$z = f(x, y)$ のグラフと xy 平面で挟まれた閉領域 D の部分にある立体の体積と定義します。

レッスン

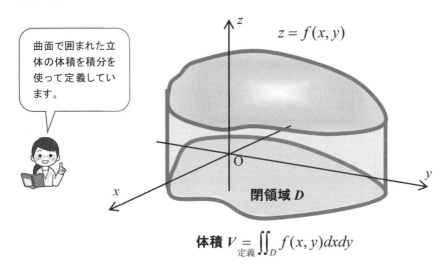

曲面で囲まれた立体の体積を積分を使って定義しています。

$$\text{体積 } V \underset{\text{定義}}{=} \iint_D f(x, y)dxdy$$

〔解説〕 $f(x, y) \geqq 0$ のとき、$\displaystyle\iint_D f(x, y)dxdy$ は §7-1、§7-2 からわかるように、閉領域 D を無限に細かく分割してできる微小直方体（次ページ図）の体積 $f(x, y)\Delta x \Delta y$ の総和の極限値です。

数学ではこの極限値をもって $z = f(x, y)$ のグラフと xy 平面で挟ま

れた立体の閉領域 D の部分にある立体の体積と定義します。

(注) 直方体の体積が「縦×横×高さ」であることをもとに一般の立体の体積を定義します。

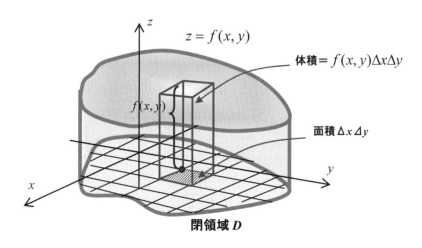

閉領域 D

したがって $f(x,y) < 0$ のときは、$\iint_D f(x,y)dxdy$ は $z = f(x,y)$

のグラフと xy 平面で挟まれた立体の閉領域 D の部分にある立体の体積
に－（マイナス）をつけた値を表わすことになります。

以上の考え方は $f(x) \geqq 0$ のと

き、$\displaystyle\int_a^b f(x)dx$ の値をもって

$y = f(x)$ のグラフと x 軸、直線
$x = a$, $x = b$ によって囲まれた
図形の面積と定義したことと同様
です（§4-4）。

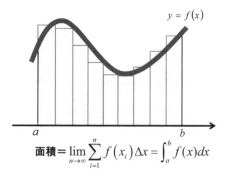

$$\text{面積} = \lim_{n \to \infty} \sum_{i=1}^{n} f(x_i)\Delta x = \int_a^b f(x)dx$$

なお、次ページの図は半径 1 の半球の体積を二重積分で求める際の原
理、つまり、「分割をドンドン細かくしたときの微小直方体の体積の総

和の極限として求める」をコンピューターで計算し、そのときのグラフ
も描いたものです。

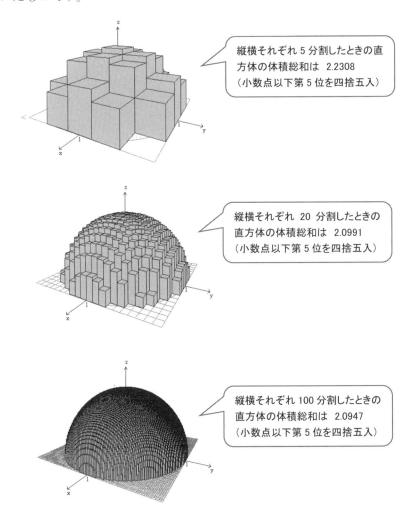

縦横それぞれ5分割したときの直
方体の体積総和は 2.2308
（小数点以下第5位を四捨五入）

縦横それぞれ 20 分割したときの
直方体の体積総和は 2.0991
（小数点以下第5位を四捨五入）

縦横それぞれ 100 分割したときの
直方体の体積総和は 2.0947
（小数点以下第5位を四捨五入）

なお、半径1の半球の体積の理論値は $\dfrac{1}{2}\left(\dfrac{4}{3}\pi r^3\right) = \dfrac{1}{2}\left(\dfrac{4}{3}\pi\right) = \dfrac{2}{3}\pi = 2.0944$

（小数点以下第5位を四捨五入）です。

7-4 二重積分の計算（矩形領域<ruby>(くけい)</ruby>）

関数 $z = f(x, y)$ が閉領域 $D(a \leqq x \leqq b, c \leqq y \leqq d)$ で連続とする。このとき、$\iint_D f(x, y)dxdy$ の計算は次のように行なえる。

$$\iint_D f(x, y)dxdy = \int_c^d \left\{ \int_a^b f(x, y)dx \right\} dy = \int_a^b \left\{ \int_c^d f(x, y)dy \right\} dx$$

レッスン

つまり、二重積分は1変数関数の積分を2回行なえばよいのです。

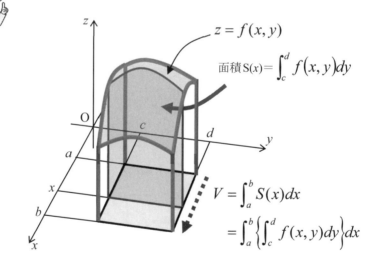

$z = f(x, y)$

面積 $S(x) = \int_c^d f(x, y)dy$

$V = \int_a^b S(x)dx$

$= \int_a^b \left\{ \int_c^d f(x, y)dy \right\} dx$

〔解説〕 $\iint_D f(x, y)dxdy \cdots ①$　の計算は閉領域 D で $f(x, y) \geqq 0$ であ

れば、関数 $z = f(x, y)$ と閉領域 D によって挟まれた立体の体積 V を表

わすことになります。また、この立体の体積 V は上図の実線で囲まれた

図形の断面積 $S(x) = \int_c^d f(x,y)dy$　を a から b まで積分した次の②式で

も求められます（§5-5）。

$$\int_a^b S(x)dx = \int_a^b \left\{ \int_c^d f(x,y)dy \right\}dx \quad \cdots ②$$

①と②は同じ体積 V を算出しているわけですから次の③が成立します。

$$\iint_D f(x,y)dxdy = \int_a^b \left\{ \int_c^d f(x,y)dy \right\}dx \quad \cdots ③$$

したがって、①の二重積分を計算するには③、つまり、1変数関数の

積分を2回行なえばよいことがわかります。

ここで、x と y の見方を変えて、この立体の体積を y 軸に垂直な平面

で切ってできる断面積 $S(y)$ を y 軸方向に c から d まで積分して求める

と考えれば、次の④式が成立することがわかります。

$$\iint_D f(x,y)dxdy = \int_c^d \left\{ \int_a^b f(x,y)dx \right\}dy \quad \cdots ④$$

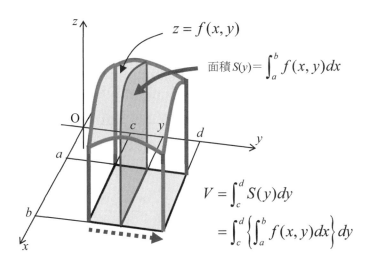

それでは、以下に、二重積分の計算を実際に行なってみます。

〔例1〕 曲面 $z = xy^2$ と xy 平面、および、平面 $x=1$、$y=1$ で囲まれた立体の体積 V を求めてみましょう。

$$\begin{aligned}
V &= \iint_D xy^2 dxdy \\
&= \int_0^1 \int_0^1 xy^2 dxdy \\
&= \int_0^1 \left\{ \int_0^1 xy^2 dy \right\} dx \\
&= \frac{1}{3}\int_0^1 xdx = \frac{1}{6}
\end{aligned}$$

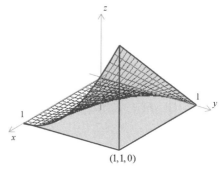

(1,1,0)

〔例2〕 曲面 $z = -(x^2 + y^2) + 8$ と xy 平面、および、平面 $x=2$、$x=-2$、$y=2$、$y=-2$ で囲まれた立体の体積 V を求めてみましょう。

$$\begin{aligned}
V &= \iint_D \left\{ -(x^2 + y^2) + 8 \right\} dxdy \\
&= \int_{-2}^2 \int_{-2}^2 \left\{ -(x^2 + y^2) + 8 \right\} dxdy \\
&= \int_{-2}^2 \left\{ \int_{-2}^2 (-x^2 - y^2 + 8) dx \right\} dy \\
&= \int_{-2}^2 \left\{ \left[-\frac{x^3}{3} + (-y^2 + 8)x \right]_{-2}^2 \right\} dy \\
&= \int_{-2}^2 \left(\frac{80}{3} - 4y^2 \right) dy \\
&= \left[\frac{80}{3}y - \frac{4}{3}y^3 \right]_{-2}^2 \\
&= \frac{256}{3}
\end{aligned}$$

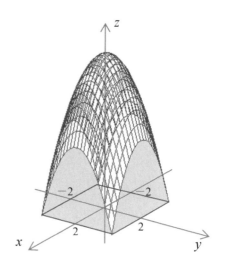

関数 $z = f(x, y)$ が閉領域 $D(a \leqq x \leqq b, c \leqq y \leqq d)$ で連続とします。

このとき、$\displaystyle\iint_D f(x, y)dxdy$ の計算は次の式で行なえます。

$$\iint_D f(x, y)dxdy = \int_c^d \left\{ \int_a^b f(x, y)dx \right\} dy = \int_a^b \left\{ \int_c^d f(x, y)dy \right\} dx$$

この理由を体積の観点ではなくΣ計算から導くと次のようになります。

＜二重積分 $\displaystyle\iint$ の定義＞

$$\iint_A f(x, y)dA \underset{def}{=} \lim_{\substack{n \to \infty \\ m \to \infty}} \sum_{i,j} f(x_i, y_j)\Delta x \Delta y$$

 ＜Σの性質と単一積分の定義＞

$$\lim_{\substack{n \to \infty \\ m \to \infty}} \sum_{i,j} f(x_i, y_j)\Delta x \Delta y$$

$$= \lim_{\substack{n \to \infty \\ m \to \infty}} \sum_{j=1}^m \left\{ \sum_{i=1}^n f(x_i, y_j)\Delta x \right\} \Delta y$$

$$= \lim_{m \to \infty} \sum_{j=1}^m \left\{ \lim_{n \to \infty} \sum_{i=1}^n f(x_i, y_j)\Delta x \right\} \Delta y$$

$$= \lim_{m \to \infty} \sum_{j=1}^m \left\{ \int_a^b f(x, y_j)dx \right\} \Delta y$$

$$= \int_c^d \left\{ \int_a^b f(x, y)dx \right\} dy$$

$$\lim_{\substack{n \to \infty \\ m \to \infty}} \sum_{i,j} f(x_i, y_j)\Delta x \Delta y$$

$$= \lim_{\substack{n \to \infty \\ m \to \infty}} \sum_{i=1}^n \left\{ \sum_{j=1}^m f(x_i, y_j)\Delta y \right\} \Delta x$$

$$= \lim_{n \to \infty} \sum_{i=1}^n \left\{ \lim_{m \to \infty} \sum_{j=1}^m f(x_i, y_j)\Delta y \right\} \Delta x$$

$$= \lim_{n \to \infty} \sum_{i=1}^n \left\{ \int_c^d f(x_i, y)dy \right\} \Delta x$$

$$= \int_a^b \left\{ \int_c^d f(x, y)dy \right\} dx$$

　ただし、上記の無限の和において極限計算の優先順位を勝手に変える にはいろいろな条件が必要です。したがって、上記は考え方の概略を紹 介したにすぎません。

7-5 二重積分の計算（曲線で囲まれた領域）

二直線 $x=a$ 、 $x=b$ 、曲線 $y=\varphi_1(x)$ 、 $y=\varphi_2(x)$ （ただし、 $a<b$ 、 $\varphi_1(x)<\varphi_2(x)$ ）によって囲まれた xy 平面の閉領域を D とし、この閉領域 D において関数 $z=f(x,y)$ が連続であるとする。

このとき、 $\displaystyle\iint_D f(x,y)dxdy$ は次のように計算できる。

$$\iint_D f(x,y)dxdy = \int_a^b\left\{\int_{\varphi_1(x)}^{\varphi_2(x)} f(x,y)dy\right\}dx \quad \cdots①$$

レッスン

つまり、右図の立体の体積が①の右辺で求められるということです。

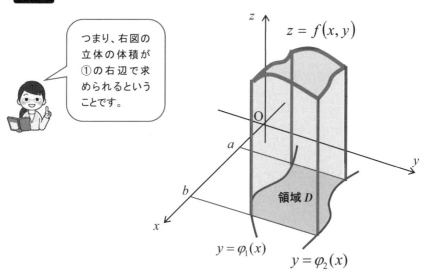

〔**解説**〕 閉領域 D で $f(x,y)\geqq0$ のとき、 $\displaystyle\iint_D f(x,y)dxdy$ の値は上図の立体の体積に相当します。よって、まずは x を固定して断面積 $S(x)$ を求めます（次ページ上図）。その計算は、 $z=f(x,y)$ を $\varphi_1(x)$ から $\varphi_2(x)$ ま

で積分すればよいので、$S(x) = \int_{\varphi_1(x)}^{\varphi_2(x)} f(x, y) dy$ です。この $S(x)$ を a から

b まで積分すれば立体の体積となります。したがって①が成立します。

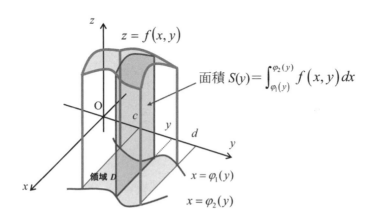

面積 $S(x) = \int_{\varphi_1(x)}^{\varphi_2(x)} f(x, y) dy$

なお、閉領域 D が下図の場合には $\iint_D f(x, y) dxdy$ の計算は次のよう

になります。　$\iint_D f(x, y) dxdy = \int_c^d \left\{ \int_{\varphi_1(y)}^{\varphi_2(y)} f(x, y) dx \right\} dy$　…②

面積 $S(y) = \int_{\varphi_1(y)}^{\varphi_2(y)} f(x, y) dx$

〔例〕 円柱面 $x^2 + y^2 = a^2$ の xy 平面より上方、平面 $z = y$ の下方にある部分の体積 V を求めてみよう。

$$V = \iint_D z\, dxdy$$

$$= \int_{-a}^{a} \left\{ \int_0^{\sqrt{a^2 - x^2}} y\, dy \right\} dx$$

$$= \int_{-a}^{a} \left(\left[\frac{y^2}{2} \right]_0^{\sqrt{a^2 - x^2}} \right) dx$$

$$= \int_{-a}^{a} \frac{a^2 - x^2}{2}\, dx = \frac{2}{3} a^3$$

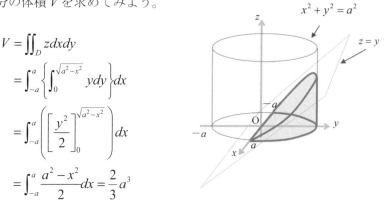

〔例〕 二重積分を使って半径 r の球の体積 V を求めてみよう。

半径 r の球面の方程式は $x^2 + y^2 + z^2 = r^2$ と書けます。したがってこの球面の xy 平面より上側の部分の方程式は $z = \sqrt{r^2 - (x^2 + y^2)}$ と書けます。この上側の球面（グレーの薄い部分）と下図のグレーの濃い閉領域 D によって囲まれた立体の体積 V_1 は球の体積 V の 1/8 です。したがって、V_1 を求めて 8 倍すれば V が求められます。

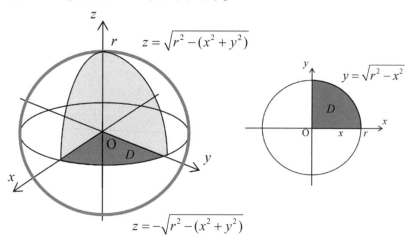

二重積分を利用すると、V_1 は次の計算で求められます。

$$V_1 = \int_0^r \int_0^{\sqrt{r^2-x^2}} \sqrt{r^2-(x^2+y^2)}\,dy\,dx \qquad \cdots \text{①}$$

$$= \int_0^r \left\{ \int_0^{\sqrt{r^2-x^2}} \sqrt{r^2-(x^2+y^2)}\,dy \right\} dx$$

ここで、$\sqrt{r^2-x^2} = A$ 、つまり、$r^2-x^2 = A^2$ と置くと、

$$\int_0^{\sqrt{r^2-x^2}} \sqrt{r^2-(x^2+y^2)}\,dy = \int_0^A \sqrt{A^2-y^2}\,dy \qquad \cdots \text{②}$$

さらに、$y = A\sin\theta$ と置換すると②は

$$\int_0^A \sqrt{A^2-y^2}\,dy = \int_0^{\frac{\pi}{2}} \sqrt{A^2\cos^2\theta}\,(A\cos\theta)\,d\theta = A^2 \int_0^{\frac{\pi}{2}} \cos^2\theta\,d\theta$$

$$= A^2 \int_0^{\frac{\pi}{2}} \frac{1+\cos 2\theta}{2}\,d\theta = \frac{A^2}{2}\left[\theta + \frac{\sin 2\theta}{2}\right]_0^{\frac{\pi}{2}} = \frac{\pi}{4}A^2 = \frac{\pi}{4}(r^2-x^2)$$

よって、①、②、③より、

$$V_1 = \int_0^r \int_0^{\sqrt{r^2-x^2}} \sqrt{r^2-(x^2+y^2)}\,dy\,dx = \int_0^r \frac{\pi}{4}\left(r^2-x^2\right)dx = \frac{\pi}{6}r^3$$

よって、$V = 8V_1 = 8 \times \dfrac{\pi}{6}r^3 = \dfrac{4}{3}\pi r^3$

（注）　ここでは二重積分の利用例として球の体積を求めましたが、球の体積だけを求めるのであれば、回転体の体積の考え方（§5-6）で計算できます。つまり、

$$V = \int_{-r}^r \pi y^2\,dx = \pi \int_{-r}^r \left(r^2-x^2\right)dx$$

$$= \frac{4}{3}\pi r^3$$

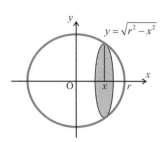

7-6 極座標を用いた二重積分

極座標 (r, θ) を用いた座標平面において閉領域 D を直線 $\theta = \alpha$、$\theta = \beta$、曲線 $r = \varphi_1(\theta)$、$r = \varphi_2(\theta)$ で囲まれた部分とする。

ただし、$0 < \beta - \alpha \leqq 2\pi$、$0 < \varphi_1(\theta) \leqq \varphi_2(\theta)$

また、この閉領域 D において $f(r, \theta)$ は連続であるとする。このとき、

$$\iint_D f(r, \theta) dS = \int_\alpha^\beta \left\{ \int_{\varphi_1(\theta)}^{\varphi_2(\theta)} f(r, \theta) r dr \right\} d\theta$$

レッスン

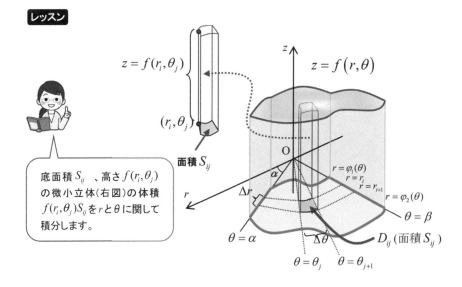

$z = f(r_i, \theta_j)$

(r_i, θ_j)

面積 S_{ij}

底面積 S_{ij}、高さ $f(r_i, \theta_j)$ の微小立体（右図）の体積 $f(r_i, \theta_j) S_{ij}$ を r と θ に関して積分します。

$z = f(r, \theta)$

$r = \varphi_1(\theta)$
$r = r_i$
$r = r_{i+1}$
$r = \varphi_2(\theta)$
$\theta = \beta$
D_{ij}（面積 S_{ij}）
$\theta = \theta_j$　$\theta = \theta_{j+1}$
$\theta = \alpha$

〔解説〕　閉領域 D を上図のように細かな閉領域 D_{ij}（面積 S_{ij}）に分割し、各 D_{ij} 内のコーナーの点を (r_i, θ_j) とします。このとき、分割を細かくした

ときに $\displaystyle\sum_{i,j} f(r_i, \theta_j) S_{ij}$ が限りなく近づく値が $\displaystyle\iint_D f(r, \theta)\,dS$ です。

ここで、閉領域 D_{ij} の面積 S_{ij} は $S_{ij} \fallingdotseq r_i \Delta r \Delta \theta$ を満たします（下図）。その理由を説明しましょう。

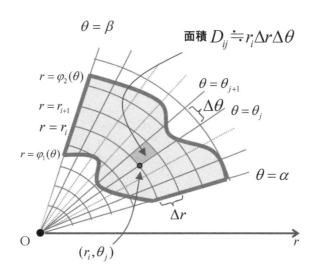

中心角 θ、半径 r の扇形の面積は $\dfrac{1}{2} r^2 \theta$ であることより、S_{ij} は次のように書けます。

$$S_{ij} = \frac{1}{2} r_{i+1}{}^2 \Delta \theta - \frac{1}{2} r_i{}^2 \Delta \theta = \frac{1}{2}(r_i + \Delta r)^2 \Delta \theta - \frac{1}{2} r_i{}^2 \Delta \theta$$

$$= \frac{1}{2}\left\{ 2 r_i(\Delta r) + (\Delta r)^2 \right\} \Delta \theta = r_i \Delta r \Delta \theta + \frac{1}{2}(\Delta r)^2 \Delta \theta$$

$\Delta r \to 0$、$\Delta \theta \to 0$ のとき、$\dfrac{1}{2}(\Delta r)^2 \Delta \theta$ は

$r_i \Delta r \Delta \theta$ よりも速く 0 に近づきます（高位の無限小）。

よって、$S_{ij} \fallingdotseq r_i \Delta r \Delta \theta$

したがって、$\displaystyle\sum_{i,j} f(r_i, \theta_j) S_{ij} \fallingdotseq \sum_{i,j} f(r_i, \theta_j) r_i \Delta r \Delta \theta$

ここで、$\Delta r \to 0$, $\Delta \theta \to 0$ とすると、二重積分の定義より、

$$\iint_D f(r, \theta)\, dS = \lim_{\substack{\Delta\theta \to 0 \\ \Delta r \to 0}} \sum_{i,j} f(r_i, \theta_j) r_i \Delta r \Delta \theta = \iint_D f(r,\theta) r dr d\theta$$

また、閉領域 D は直線 $\theta = \alpha$、$\theta = \beta$、曲線 $r = \varphi_1(\theta)$、$r = \varphi_2(\theta)$ で囲まれた部分であることより、次の式を得ます。

$$\iint_D f(r,\theta)\, dS = \int_\alpha^\beta \left\{ \int_{\varphi_1(\theta)}^{\varphi_2(\theta)} f(r,\theta) r dr \right\} d\theta$$

（注）$f(r,\theta)=1$ であるとき、上の式は閉領域 D の面積を表わしています。

〔例〕 極座標を用いた二重積分を使って半径 r の球の体積 V を求めてみましょう。

右図からわかるように、直線 $\theta = 0$、$\theta = \pi/2$、半径 a の円で囲まれた閉領域 D で $z = f(r,\theta) = \sqrt{a^2 - r^2}$ を 2 重積分すれば $V/8$ を求めることができます。

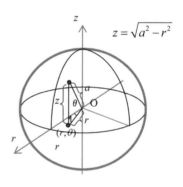

よって、

$$V/8 = \iint_D f(r,\theta) r dr d\theta = \int_0^{\frac{\pi}{2}} \left\{ \int_0^a r\sqrt{a^2 - r^2}\, dr \right\} d\theta = \int_0^{\frac{\pi}{2}} \frac{a^3}{3} d\theta = \frac{\pi}{6} a^3$$

ゆえに、$V = \dfrac{4}{3}\pi a^3$ となります。なお、$\displaystyle\int_0^a r\sqrt{a^2 - r^2}\, dr$ は $r = a\sin t$ などと「置換積分」を利用すれば計算できます。

7-7 曲面の面積と二重積分

曲面 $z = f(x, y)$ の閉領域 D における面積を T とすると、T は次の式で求められる。 $T = \iint_D \sqrt{1 + \left(\dfrac{\partial z}{\partial x}\right)^2 + \left(\dfrac{\partial z}{\partial y}\right)^2}\, dxdy$

レッスン

曲面積は、微小閉領域 D_{ij} (面積 S_{ij})ごとの接平面の面積 T_{ij} の総和の極限値と考えます。

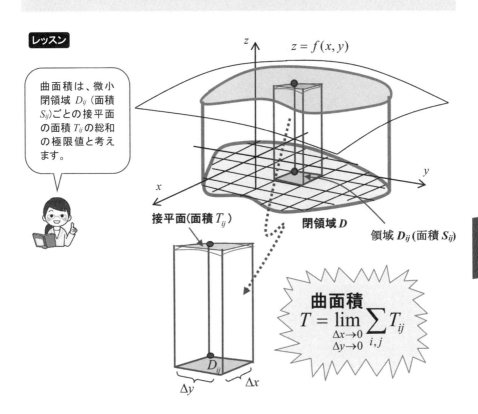

接平面(面積 T_{ij})　閉領域 D　領域 D_{ij}(面積 S_{ij})

曲面積
$$T = \lim_{\substack{\Delta x \to 0 \\ \Delta y \to 0}} \sum_{i,j} T_{ij}$$

〔**解説**〕 回転体の表面積については§5-9 で考察しました。ここでは、曲面 $z = f(x, y)$ の閉領域 D における曲面積を調べることにします。

最初に、曲面 $z = f(x, y)$ の面積とは何かを定義しましょう。前ページの図のように閉領域 D を細かな矩形閉領域 D_{ij} に分割し、各閉領域 D_{ij} における $z = f(x, y)$ の小曲面の面積の近似値に点 $P(x_i, y_j, f(x_i, y_j))$ における接平面（*tangent plane*）の面積 T_{ij} を対応させます。ここで、分割を限りなく細かくしていくとき各接平面の面積 T_{ij} の総和 $\displaystyle\lim_{\substack{\Delta x \to 0 \\ \Delta y \to 0}} \sum_{i,j} T_{ij}$ が

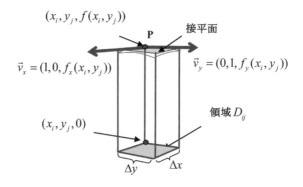

一定の値に近づくならば、

その値を曲面 $z = f(x, y)$ の閉領域 D における**曲面積**と定義します。

したがって、曲面 $z = f(x, y)$ の面積は矩形閉領域 D_{ij} における接平面の面積 T_{ij} がポイントとなります。そして T_{ij} を求めるには点 $P(x_i, y_j, f(x_i, y_j))$ における x 方向、y 方向の接線ベクトル $\vec{v_x}, \vec{v_y}$ を利用します（下図）。これら接線ベクトル $\vec{v_x}, \vec{v_y}$ の例としては偏微分（§6-3、§6-4）により

$$\vec{v_x} = (1, 0, f_x(x_i, y_j)) , \ \vec{v_y} = (0, 1, f_y(x_i, y_j))$$

が考えられます。

この2つのベクトル $\vec{v_x}, \vec{v_y}$ の張る平面が曲面 $z = f(x, y)$ 上の点 $P(x_i, y_j, f(x_i, y_j))$ における接平面になります（実は定義です）。

　次に、この接平面に垂直なベクトル $\vec{v}$ を考えてみましょう（下図）。これは、2つのベクトル $\vec{v_x}, \vec{v_y}$ に垂直なベクトルなので、$\vec{v_x}, \vec{v_y}$ の**外積**（＜MEMO＞参照）を利用します。すると、

$$\vec{v} = \vec{v_x} \times \vec{v_y} = \left(-f_x(x_i, y_j), -f_y(x_i, y_j), 1\right)$$

が、接平面に垂直なベクトルということになります（左下図）。

　ここで、$\vec{v}$ と z 軸のなす角を θ としましょう（右下図）。

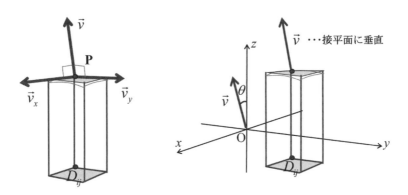

　z 軸と同じ向きの基本ベクトル $\vec{e_z} = (0, 0, 1)$ を利用すると $\vec{v}$ と $\vec{e_z}$ のなす角も θ なので、$\vec{v}$ と $\vec{e_z}$ の内積　$\vec{v} \cdot \vec{e_z} = |\vec{v}||\vec{e_z}|\cos\theta$ を成分表示することにより

$$-f_x(x_i, y_j) \times 0 - f_y(x_i, y_j) \times 0 + 1 \times 1 = \sqrt{\left(f_x(x_i, y_j)\right)^2 + \left(f_y(x_i, y_j)\right)^2 + 1^2} \times 1 \times \cos\theta$$

整理すると、　　$1 = \sqrt{\left(f_x(x_i, y_j)\right)^2 + \left(f_y(x_i, y_j)\right)^2 + 1} \times \cos\theta$

よって、　$\cos\theta = \dfrac{1}{\sqrt{\left(f_x(x_i, y_j)\right)^2 + \left(f_y(x_i, y_j)\right)^2 + 1}}$　…①　となります。

最後に、閉領域 D_{ij} の面積 S_{ij} と閉領域 D_{ij} における接平面の面積 T_{ij} の関係を調べてみましょう。そのためには、次の定理を使います。

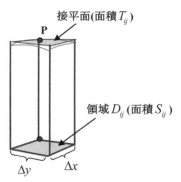

　「平面 α の法線ベクトル $\vec{v}$ が z 軸とのなす角が θ であるとし、平面 α を xy 平面上に正射影してできる平面を β とすると、

$$（\alpha の面積）\times \cos\theta =（\beta の面積）$$

が成立する。」

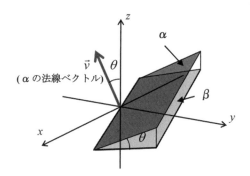

　この定理より $T_{ij}\cos\theta = S_{ij}$ が成立します。したがって、①より

$$T_{ij} = \frac{1}{\cos\theta}S_{ij} = \sqrt{\left(f_x(x_i,y_j)\right)^2 + \left(f_y(x_i,y_j)\right)^2 + 1}\, S_{ij}$$

これと、$S_{ij} = \Delta x \Delta y$ より、

$$T = \lim_{\substack{\Delta x \to 0 \\ \Delta y \to 0}} \sum_{i,j} T_{ij} = \lim_{\substack{\Delta x \to 0 \\ \Delta y \to 0}} \sum_{i,j} \sqrt{\left(f_x(x_i, y_j)\right)^2 + \left(f_y(x_i, y_j)\right)^2 + 1}\ \Delta x \Delta y$$

$$= \iint_D \sqrt{\left(f_x(x, y)\right)^2 + \left(f_y(x, y)\right)^2 + 1}\ dxdy$$

$$= \iint_D \sqrt{1 + \left(\frac{\partial f}{\partial x}\right)^2 + \left(\frac{\partial f}{\partial y}\right)^2}\ dxdy$$

〔**例**〕　二重積分を使って半径 r の球の表面積 S を求めてみましょう。

半径 r の球面の方程式は $x^2 + y^2 + z^2 = r^2$ と書けます。したがってこの球面の xy 平面より上側の部分の方程式は $z = \sqrt{r^2 - (x^2 + y^2)}$ となります。この半球面の濃いグレーの閉領域 D（下図）に対応する部分の表面積 T_S は全体の球の表面積 S の 1/8 です。したがって、T_S を求めて 8 倍すれば S を求めることができます。

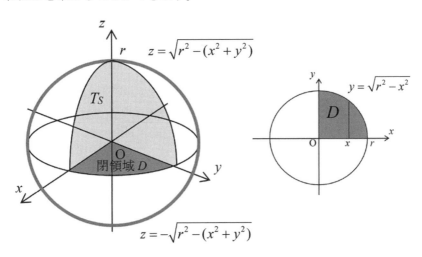

二重積分を利用すると、T_Sは次の計算で求められます（§7-5）。

$$T_s = \iint_D \sqrt{1 + \left(\frac{\partial z}{\partial x}\right)^2 + \left(\frac{\partial z}{\partial y}\right)^2}\, dxdy$$

$$= \int_0^r \int_0^{\sqrt{r^2-x^2}} \sqrt{\left(\frac{\partial z}{\partial x}\right)^2 + \left(\frac{\partial z}{\partial y}\right)^2 + 1}\, dydx$$

$$= \int_0^r \left\{ \int_0^{\sqrt{r^2-x^2}} \sqrt{\frac{x^2}{r^2-x^2-y^2} + \frac{y^2}{r^2-x^2-y^2} + 1}\, dy \right\} dx$$

$$= \int_0^r \left\{ \int_0^{\sqrt{r^2-x^2}} \frac{r}{\sqrt{r^2-x^2-y^2}}\, dy \right\} dx \qquad \cdots ②$$

ここで、$\sqrt{r^2-x^2} = k\,(>0)$、つまり、$r^2 - x^2 = k^2$ と置くと、

$$\int_0^{\sqrt{r^2-x^2}} \frac{r}{\sqrt{r^2-x^2-y^2}}\, dy = \int_0^k \frac{r}{\sqrt{k^2-y^2}}\, dy \qquad \cdots ③$$

$y = k\sin\theta$ と置換すると③は

$$\int_0^k \frac{r}{\sqrt{k^2-y^2}}\, dy = \int_0^{\frac{\pi}{2}} \frac{r}{\sqrt{k^2(1-\sin^2\theta)}}\, k\cos\theta d\theta = \int_0^{\frac{\pi}{2}} rd\theta = \frac{\pi r}{2}$$

これと、②③より

$$T_s = \int_0^r \left\{ \int_0^{\sqrt{r^2-x^2}} \frac{r}{\sqrt{r^2-x^2-y^2}}\, dy \right\} dx = \int_0^r \frac{\pi r}{2}\, dx = \frac{1}{2}\pi r^2$$

よって、半径 r の球の表面積 S は、T_S を 8 倍して $4\pi r^2$ となります。

（注）　ここでは二重積分の利用例として球の表面積を求めましたが、単に球の表面積だけ
を求めるのであれば、回転体の表面積の考え方（§5-9）で計算すれば簡単です。

＜MEMO＞　ベクトルの外積

　ベクトルの「内積」とくれば、当然、ベクトルの「**外積**」があると思うのが人情。まさしく、ベクトルの外積が次のように定義されています。

　空間の2つのベクトル $\vec{a}=(a_1,a_2,a_3)$ と $\vec{b}=(b_1,b_2,b_3)$ に対してベクトル $(a_yb_z-a_zb_y,\ a_zb_x-a_xb_z,\ a_xb_y-a_yb_x)$ を $\vec{a}$ と $\vec{b}$ の**外積**、または、**ベクトル積**といい $\vec{a}\times\vec{b}$ と書くことにします。

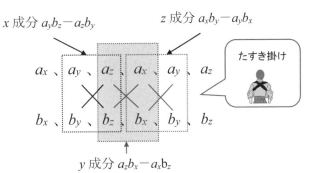

x 成分 $a_yb_z-a_zb_y$ 　　 z 成分 $a_xb_y-a_yb_x$

たすき掛け

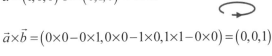

y 成分 $a_zb_x-a_xb_z$

　外積は図形的には次の意味をもちます。つまり、$\vec{a}\times\vec{b}$ の向きは $\vec{a}$ から $\vec{b}$ の方に右ねじを回すとき（回転角は小さい方をとる）、右ネジの進む向きであり、大きさは $\vec{a}$ と $\vec{b}$ の張る平行四辺形の面積に等しくなります。

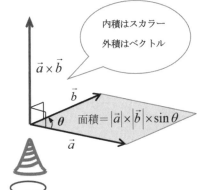

内積はスカラー
外積はベクトル

$\vec{a}\times\vec{b}$

面積 $=|\vec{a}|\times|\vec{b}|\times\sin\theta$

〔例〕

$\vec{a}=(1,0,0)\ \vec{b}=(0,1,0)$ のとき

$\vec{a}\times\vec{b}=(0\times0-0\times1,0\times0-1\times0,1\times1-0\times0)=(0,0,1)$

第7章　重積分

7-8 三重積分の定義

関数 $f(x, y, z)$ が3次元空間の閉領域 D で定義されている。閉領域 D を n 個の直方体の閉領域 D_1、D_2、……、D_n に分割し、各閉領域 D_i に属する点 $P_i(x_i, y_i, z_i)$ をもとに $\displaystyle\sum_{i=1}^{n} f(x_i, y_i, z_i)V_i \cdots$①をつくる。ただし、記号 V_i は閉領域 D_i の体積を表わしている。ここで、n を限りなく大きくして各閉領域 D_i の体積 V_i を限りなく 0 に近づけるとき、①が一定の値に近づくならば関数 $f(x, y, z)$ は閉領域 D で**積分可能**であるといい、その極限値を $\displaystyle\iiint_D f(x, y, z)dV$ または $\displaystyle\iiint_D f(x, y, z)dxdydz$ と表わし**三重積分**と呼ぶ。

レッスン

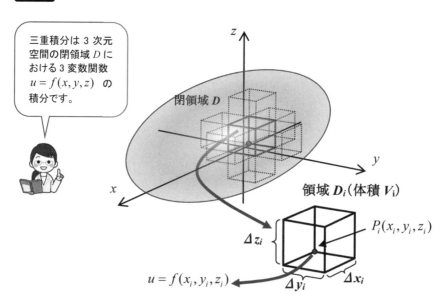

三重積分は3次元空間の閉領域 D における3変数関数 $u = f(x, y, z)$ の積分です。

〔**解説**〕 閉領域 D_i の体積 V_i は前ページの図の記号を使うと $V_i = \Delta x_i \Delta y_i \Delta z_i$ と書けます。したがって、①は次のように書けます。

$$\sum_{i=1}^{n} f(x_i, y_i, z_i)V_i = \sum_{i=1}^{n} f(x_i, y_i, z_i)\Delta x_i \Delta y_i \Delta z_i \quad \cdots ②$$

n を限りなく大きくしたときの②の極限値を次のように書き、これを **三重積分**といい、次のように表記します。

$$\iiint_D f(x, y, z)dV 、 \iiint_D f(x, y, z)dxdydz$$

(注1) $f(x, y, z) = 1$ の場合には $\iiint_D f(x, y, z)dxdydz$ は閉領域 D の体積を意味します。

(注2) n 次元空間の閉領域 D と連続な n 変数関数 $f(x_1, x_2, \cdots, x_n)$ に対して **n 重積分**

$\iiint \cdots \iint_D f(x_1, x_2, \cdots, x_n)dV$ を二重積分、三重積分と同様に考えることができます。

ここで、例えば、閉領域 D が上下 2 つの曲面 $z = g_1(x, y)$, $z = g_2(x, y)$、それに、2 つの曲面 $y = \varphi_1(x)$, $y = \varphi_2(x)$、2 つの平面 $x = a$, $x = b$ で囲まれているとしましょう。

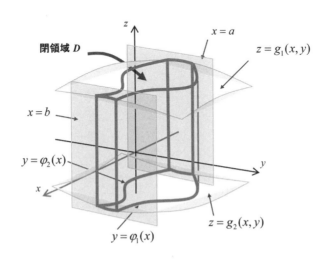

このとき $\iiint_V f(x, y, z)dxdydz$ の計算は次のように行ないます。

$$\iiint_V f(x, y, z)dxdydz = \int_a^b \left\{ \int_{\varphi_1(x)}^{\varphi_2(x)} \left(\int_{g_1(x,y)}^{g_2(x,y)} f(x, y, z)dz \right) dy \right\} dx$$

〔例〕 3次元座標空間に n 個の質点 $(x_1, y_1, z_1), (x_2, y_2, z_2), \cdots, (x_n, y_n, z_n)$ があり、それぞれの質量が $m_1, m_2, \cdots, m_n$ であるとします。このとき下記③の計算で得られる点 $G(\overline{x}, \overline{y}, \overline{z})$ をこれら n 個の質点の**重心**といいます。

$$\overline{x} = \frac{\displaystyle\sum_{i=1}^{n} m_i x_i}{\displaystyle\sum_{i=1}^{n} m_i}、\quad \overline{y} = \frac{\displaystyle\sum_{i=1}^{n} m_i y_i}{\displaystyle\sum_{i=1}^{n} m_i}、\quad \overline{z} = \frac{\displaystyle\sum_{i=1}^{n} m_i z_i}{\displaystyle\sum_{i=1}^{n} m_i} \quad \cdots ③$$

重心のこの定義を連続した物体に拡張すると、次のようになります。

3次元座標空間にある連続した物体 V の点 $(x、y、z)$ における密度が連続関数 $\rho = f(x, y, z)$ であるとき、この物体 V の重心 $G(\overline{x}, \overline{y}, \overline{z})$ の各成分は次の三重積分で得られます。ただし、この物体の存在閉領域を D とします。

$$\overline{x} = \frac{\iiint_D x\rho(x, y, z)dV}{\iiint_D \rho(x, y, z)dV}、\quad \overline{y} = \frac{\iiint_D y\rho(x, y, z)dV}{\iiint_D \rho(x, y, z)dV}、\quad \overline{z} = \frac{\iiint_D z\rho(x, y, z)dV}{\iiint_D \rho(x, y, z)dV}$$

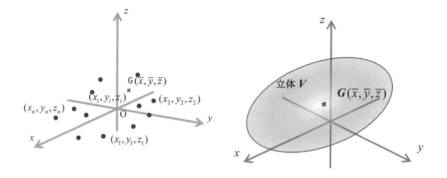

第8章　微分方程式

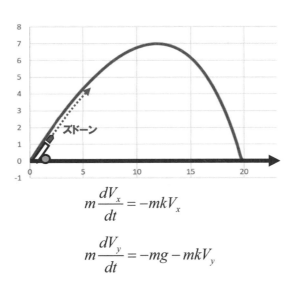

$$m\frac{dV_x}{dt} = -mkV_x$$

$$m\frac{dV_y}{dt} = -mg - mkV_y$$

微分方程式を立て、これを積分して解くことにより、いろいろな現象を解明できるようになります。本章では有名な微分方程式についてその解法を調べてみます。

8-1 微分方程式とは

x の関数 $y = f(x)$ とその導関数 $\dfrac{dy}{dx}$, $\dfrac{d^2y}{dx^2}$, $\dfrac{d^3y}{dx^3}$, $\cdots$, $\dfrac{d^ny}{dx^n}$、および、x の間に成り立つ等式を**微分方程式**という。

導関数を含んだ関数についての方程式を**微分方程式**といいます。

$$\frac{dy}{dx} + \frac{x}{y} = 0$$

$$\frac{d^2y}{dx^2} + x\frac{dy}{dx} + 3y = 0$$

$$\frac{d^3y}{dx^3} + \left(\frac{d^2y}{dx^2}\right)^2 + x\frac{dy}{dx} + 3y = \cos x$$

······

············

$x^2 - 2x - 3 = 0$ は x についての**方程式**。

〔**解説**〕 上に示した例は、上から順に 1 階微分方程式、2 階微分方程式、3 階微分方程式と呼ばれています。このように、微分方程式の中に現れる最高次の導関数が n 次であれば、これを **n 階微分方程式**といいます。また、n を微分方程式の**階数**といいます。なお、導関数

$\dfrac{dy}{dx}$, $\dfrac{d^2y}{dx^2}$, $\dfrac{d^3y}{dx^3}$, $\cdots$, $\dfrac{d^ny}{dx^n}$ は簡単に y', y'', y''', $\cdots$, $y^{(n)}$ とも表現されます。

＜MEMO＞　常微分方程式と偏微分方程式

複数の独立変数 $x, y\cdots$ と、その未知関数 $z = f(x, y, \cdots)$ の偏導関数（§6-4）を含む方程式を**偏微分方程式**といいます。これに対して偏導関数を含まない上記の微分方程式を**常微分方程式**といいます。

8-2 微分方程式の解

微分方程式を満足する関数をその方程式の「解」といい、全部の解を求めることを**微分方程式を解く**、あるいは、**積分する**という。

レッスン

微分方程式の解には任意定数がつきものです。

微分方程式 $\dfrac{d^2y}{dx^2}=2$ $\cdots$ ① の解は

$y=x^2+ax+b$ $(a,b$ は任意の定数$)$

微分方程式 $\dfrac{dy}{dx}=3y^{\frac{2}{3}}$ $\cdots\cdots$ ② の解は

$y=(x-c)^3$ $(c$ は任意の定数$)$ と $y=0$

〔**解説**〕 微分方程式を解くことは一般的には困難です。しかし、一部の微分方程式についてはその解法が考えられています。詳しくは後の§8-4〜§8-11 で調べてみましょう。

ここでは、まず、微分方程式の解の分類を紹介しておきます。微分方程式の解の中で微分方程式の階数と同じ個数の任意の定数（**任意定数**とか**積分定数**という）を含む解を**一般解**といいます。また、一般解に含まれる任意定数に特定の値を与えて得られる解を**特殊解**といいます。さらに、任意定数にどんな値を代入しても得られない解を**特異解**といいます。特異解は微分方程式によってあることも、ないこともあります。

〔**例**〕 上記の①については $y=x^2+ax+b$ が一般解で、$a=b=0$ とした $y=x^2$ は特殊解です。②については $y=(x-c)^2$ が一般解で、$c=0$ とした $y=x^2$ は特殊解です。さらに $y=0$ は特異解となります。

8-3 微分方程式の解曲線

微分方程式 $F(x, y, y', y'', \cdots, y^{(n)}) = 0$ の解を $y = f(x)$ とする。このとき、xy 平面において $y = f(x)$ が表わす曲線をこの微分方程式の**解曲線**という。解曲線は無数にある。

レッスン

微分方程式の解は
任意定数を含むの
で解曲線は無数に
あります。

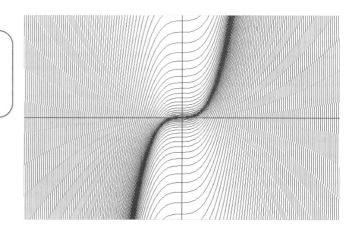

〔**解説**〕 　上図は微分方程式 $\dfrac{dy}{dx} = x^2$ の解曲線をコンピューターで描いた

ものです。実際に、$\dfrac{dy}{dx} = x^2$ の両辺を積分すれば一般解 $y = \dfrac{1}{3}x^3 + C$ を得

ます。このグラフが $\dfrac{dy}{dx} = x^2$ の解曲線となります。C は任意定数なので、

解曲線は $y = \dfrac{1}{3}x^3$ のグラフを上下に連続的に平行移動したものとなり、

無数にあります。ただし、上図は C をトビトビな値で描画したものです。

<MEMO> 微分方程式 $\dfrac{dy}{dx} = F(x, y)$ の解曲線を図形的に求める

　1階微分方程式 $\dfrac{dy}{dx} = F(x, y)$ の解を $y = f(x)$ とし、このグラフは点

P(a, b) を通るものとします。ここで、Δx が 0 に近い数であれば
近似公式の考え方（§3-17）より、

$$f(a + \Delta x) \fallingdotseq f(a) + \Delta x \cdot f'(a) = b + \Delta x \cdot F(a, b)$$

が成立します。$y = f(x)$ 上の点 R($a + \Delta x, f(a + \Delta x)$) を
点 Q($a + \Delta x, b + \Delta x \cdot F(a, b)$) で近似することにより解曲線 $y = f(x)$ に近

い線分 PQ を得るこ
とができます（右
図）。このことを繰
り返せば解曲線に
近い折れ線グラフ
を描くことができ
ます。

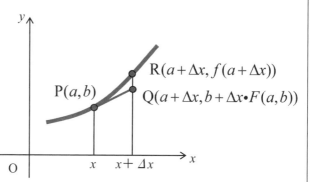

　右下図は、この原
理で、点 P(a, b) をランダムにた
くさん選び、それらの点を通る微
分方程式 $\dfrac{dy}{dx} = -\dfrac{x}{y}$ の解曲線を描

いたものです。なお、この微分方
程式の実際の解は $x^2 + y^2 = C$ で
あり、この解曲線は原点を中心と

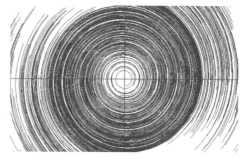

する円となるので、右図と同じようになることがわかります。

8-4 変数分離形 $\dfrac{dy}{dx} = F(x)G(y)$

変数分離形 $\dfrac{dy}{dx} = F(x)G(y)$ の解は $\displaystyle\int \dfrac{1}{G(y)}dy = \int F(x)dx$

レッスン

方程式の左辺と右辺に変数 x と y を分離できれば、解が求められるかもしれません。

$$\dfrac{dy}{dx} = F(x)G(y)$$

⬇ 両辺を $G(y)$ で割る

$$\dfrac{1}{G(y)}\dfrac{dy}{dx} = F(x)$$

⬇ 両辺を x で積分

$$\int \dfrac{1}{G(y)}\dfrac{dy}{dx}dx = \int F(x)dx$$

⬇ $\dfrac{dy}{dx}dx = dy$

$$\int \dfrac{1}{G(y)}dy = \int F(x)dx$$

$$\dfrac{dy}{dx} = F(x)G(y)$$

⬇ 両辺を $G(y)$ で割る

$$\dfrac{1}{G(y)}\dfrac{dy}{dx} = F(x)$$

⬇ 両辺に dx を掛ける

$$\dfrac{1}{G(y)}dy = F(x)dx$$

⬇ $\int$ を付けて積分

$$\int \dfrac{1}{G(y)}dy = \int F(x)dx$$

〔**解説**〕　微分方程式 $\dfrac{dy}{dx} = F(x)G(y)$ …① は右辺が x だけの関数 $F(x)$ と、y だけの関数 $G(y)$ の積になっています。このような微分方程式を**変数分離形**といいます。変数分離形の微分方程式は上記の左右いずれかの流れに従って式変形すれば、解 $\displaystyle\int \dfrac{1}{G(y)}dy = \int F(x)dx$ …②を得ることができます。

306

なお、前ページのレッスンで微分方程式の両辺を$G(y)$で割ることに戸惑うかもしれません。つまり、$G(y) \equiv 0$のときはどうなるのだろうかと。ただし、$G(y) \equiv 0$とはxの関数yがxの値にかかわらずいつでも$G(y) = 0$になる場合です。これは$y = a_1, y = a_2, \cdots, y = a_n$ $\cdots$③という定数関数の場合です。ただし、$a_1, a_2, \cdots, a_n$はyに関する方程式$G(y) = 0$の解です。このとき、定数関数③は①を満たしているので③も①の解となります。

〔例〕 微分方程式$\dfrac{dy}{dx} = xy$ $\cdots$④ を解いてみましょう。

(1) $y \equiv 0$（$y = 0$という定数関数）のとき

関数$y = 0$は微分方程式④を満たしているので解です。

(2) $y \equiv 0$（$y = 0$という定数関数）でないとき

まずは関数の値が$y \neq 0$となるxの範囲で考えます。

このとき、$\dfrac{1}{y}dy = xdx$ となります。よって$\displaystyle\int \dfrac{1}{y}dy = \int xdx$ となり

$\log_e |y| = \dfrac{1}{2}x^2 + C_1$（$C_1$は任意定数）を得ます。ゆえに、$|y| = e^{\frac{1}{2}x^2 + C_1}$

よって、$y = \pm e^{C_1}e^{\frac{1}{2}x^2}$ ここで、

$C = \pm e^{C_1}$とすると、$y = Ce^{\frac{1}{2}x^2}$

Cは0でない任意定数なので任意のxで$y \neq 0$となります。

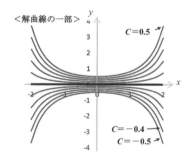
＜解曲線の一部＞

(1)、(2)より求める解は$y = Ce^{\frac{1}{2}x^2}$（Cは任意定数）となります。

8-5 同次形 $\dfrac{dy}{dx} = F\left(\dfrac{y}{x}\right)$

同次形 $\dfrac{dy}{dx} = F\left(\dfrac{y}{x}\right)$ は $v = \dfrac{y}{x}$ とすると x と v の変数分離形となる。

レッスン

同次形は
変数分離
形に帰着
できます。

$$\dfrac{dy}{dx} = F\left(\dfrac{y}{x}\right)$$

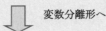 $v = \dfrac{y}{x}$ とする。このとき $y = xv$ より $\dfrac{dy}{dx} = v + x\dfrac{dv}{dx}$

$$v + x\dfrac{dv}{dx} = F(v)$$

変数分離形へ

$$\dfrac{1}{F(v) - v}dv = \dfrac{1}{x}dx$$

〔**解説**〕 微分方程式 $\dfrac{dy}{dx} = F\left(\dfrac{y}{x}\right)\cdots①$ を**同次形**といいます。ここで、

$v = \dfrac{y}{x}$ とすると①は x と v の変数分離形 $\dfrac{1}{F(v) - v}dv = \dfrac{1}{x}dx \cdots②$ となりま

す。変数分離形の解法（§8-4）を用いて②から $v = g(x)$ という解を得た

としましょう。すると、$y = xv$ より $y = xg(x)$ が①の解となります。

〔**例**〕 微分方程式 $(x - y)\dfrac{dy}{dx} + (x + y) = 0$ ⋯③を解いてみましょう。

（解） ③を変形すると

$$\frac{dy}{dx} = -\frac{x+y}{x-y} = -\frac{1+\dfrac{y}{x}}{1-\dfrac{y}{x}} \quad \cdots④ となり同次形であることがわかります。$$

$v = \dfrac{y}{x}$ すなわち $y = xv$ とおけば $\dfrac{dy}{dx} = v + x\dfrac{dv}{dx}$ より④は

$$v + x\frac{dv}{dx} = -\frac{1+v}{1-v} \quad となり \quad \frac{1+2v-v^2}{1-v} + x\frac{dv}{dx} = 0 \quad \cdots⑤ \quad を得ます。$$

(1) $1 + 2v - v^2 \not\equiv 0$ でないとき（つまり、$v \equiv \left(1 \pm \sqrt{2}\right)$ でないとき）

⑤より $\dfrac{1+2v-v^2}{1-v} = -x\dfrac{dv}{dx}$ $\quad \therefore \quad \dfrac{1+2v-v^2}{1-v}\dfrac{1}{dv} = -\dfrac{x}{dx}$

$\therefore \quad \dfrac{dx}{x} + \dfrac{1-v}{1+2v-v^2}dv = 0 \quad \therefore \quad \displaystyle\int\frac{dx}{x} + \int\frac{1-v}{1+2v-v^2}dv = C_1$

$\therefore \quad \log_e|x| + \dfrac{1}{2}\log_e\left|1+2v-v^2\right| = C_1 \quad \therefore \quad \log_e|x|^2 + \log_e\left|1+2v-v^2\right| = 2C_1$

$\therefore \quad x^2\left|1+2v-v^2\right| = e^{2C_1} \quad \therefore \quad \left|x^2+2xy-y^2\right| = e^{2C_1}$

$\therefore \quad x^2 + 2xy - y^2 = \pm e^{2C_1} = C_2 \quad \cdots⑥ \quad (C_2 は 0 でない任意定数)$

(2) $1 + 2v - v^2 \equiv 0$ のとき（つまり、$v \equiv \left(1 \pm \sqrt{2}\right)$ のとき）

このとき、$y = xv = \left(1 \pm \sqrt{2}\right)x$ は③の解で、これは⑥において $C_2 = 0$ の場合です。

(1)(2)より③の解は $x^2 + 2xy - y^2 = C$ （C は任意定数）となります。

8-6 線形微分方程式 $\dfrac{dy}{dx} + P(x) \cdot y = Q(x)$

$\dfrac{dy}{dx} + P(x) \cdot y = Q(x)$ の解は $y = e^{-\int P(x)dx}\left\{\displaystyle\int Q(x)e^{\int P(x)dx}dx\right\}$

レッスン

この微分方程式
を解く上で
$e^{\int P(x)dx}$
の役割は重要で
す。

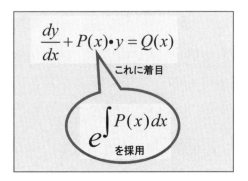

$\dfrac{dy}{dx} + P(x) \cdot y = Q(x)$

これに着目

$e^{\int P(x)dx}$

を採用

〔**解説**〕 微分方程式 $\dfrac{dy}{dx} + P(x) \cdot y = Q(x) \cdots ①$ を**線形微分方程式**とい

います。これを解く上で $e^{\int P(x)dx}$ はきわめて重要です。

　①の両辺に $e^{\int P(x)dx}$ を掛けてみましょう。すると次の式を得ます。

$$\frac{dy}{dx}e^{\int P(x)dx} + P(x)ye^{\int P(x)dx} = Q(x)e^{\int P(x)dx} \cdots ②$$

ここで、 $\dfrac{d}{dx}e^{g(x)} = g'(x)e^{g(x)}$ なので $g(x) = \displaystyle\int P(x)dx$ の場合を考えると

$$\frac{d}{dx}e^{\int P(x)dx} = \left(\int P(x)dx\right)' e^{\int P(x)dx} = P(x)e^{\int P(x)dx}$$

よって、②の左辺は $\dfrac{d}{dx}\left(ye^{\int P(x)dx}\right)$ と書けます。

ゆえに、②は $\dfrac{d}{dx}\left(ye^{\int P(x)dx}\right)=Q(x)e^{\int P(x)dx}$

この両辺を x で積分すると、 $ye^{\int P(x)dx}=\displaystyle\int Q(x)e^{\int P(x)dx}dx$

この式の両辺に $e^{-\int P(x)dx}$ を掛けると、

$$ye^{\int P(x)dx}e^{-\int p(x)dx}=e^{-\int P(x)dx}\left\{\int Q(x)e^{\int P(x)dx}dx\right\}\quad\cdots③$$

ここで、 $e^{\int P(x)dx}e^{-\int p(x)dx}=e^{\int P(x)dx-\int P(x)dx}=e^0=1$

よって、③より $y=e^{-\int P(x)dx}\left\{\displaystyle\int Q(x)e^{\int P(x)dx}dx\right\}\quad\cdots④$ を得ます。

〔例1〕 微分方程式 $\dfrac{dy}{dx}+y=x^2\quad\cdots⑤$ を解いてみましょう。

⑤は①において $P(x)=1$, $Q(x)=x^2$ の場合です。

よって、④より $y=e^{-\int dx}\left\{\displaystyle\int x^2e^{\int dx}dx\right\}=e^{-x}\displaystyle\int x^2e^x dx$

ここで $\displaystyle\int x^2e^x dx=x^2e^x-\int 2xe^x dx=x^2e^x-2\left(xe^x-\int e^x dx\right)$
$=x^2e^x-2\left(xe^x-e^x+C_1\right)=x^2e^x-2xe^x+2e^x-2C_1$

よって、 $y=e^{-x}\displaystyle\int x^2e^x dx=e^{-x}\left(x^2e^x-2xe^x+2e^x-2C_1\right)$

$$=x^2-2x+2+Ce^{-x}\quad(C \text{ は任意定数})$$

〔**例 2**〕 大砲を撃ったときの砲弾の軌跡を調べてみましょう。ただし、m は砲弾の質量、V_0 は砲弾の初速度、V、V_x、V_y はそれぞれ t 秒後の砲弾の速度、x 軸方向（水平方向）の速度、y 軸方向（垂直方向）の速度、θ_0 は大砲を撃つときの仰角、g は重力加速度とします。また、γ（ガンマ）は空気抵抗（速度に比例）とします。

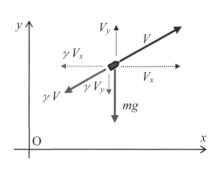

このとき、大砲を撃ってから t 秒後の砲弾に働く水平方向と垂直方向の力に着目すると、次の微分方程式を得ます。

$$m\frac{dV_x}{dt} = -\gamma V_x \quad \cdots ①, \qquad m\frac{dV_y}{dt} = -mg - \gamma V_y \quad \cdots ②$$

①、②の微分方程式を解くわけですが、これがスッキリした形になるように、空気抵抗 γ を mk と書き換えておきましょう。すると①、②は

$$m\frac{dV_x}{dt} = -mkV_x、 \qquad m\frac{dV_y}{dt} = -mg - mkV_y$$

となり、両辺を m で割ることにより

$$\frac{dV_x}{dt} = -kV_x \quad \cdots ③$$

$$\frac{dV_y}{dt} = -g - kV_y \quad \cdots ④$$

①②は「質量×加速度＝力」、「速度を微分したら加速度」という物理法則を使ったのですね。

と簡略化できます。この③、④はいずれも線形微分方程式でこれを解くには本節で紹介した次の解法（＊）を利用します。

$$\frac{dy}{dx} + P(x)\cdot y = Q(x) \ \text{の解は} \quad y = e^{-\int P(x)dx}\left\{\int Q(x)e^{\int P(x)dx}dx\right\} \quad \cdots (\ast)$$

(イ) 微分方程式③を解く

③は $\dfrac{dV_x}{dt} + kV_x = 0$ と変形できます。これは解法（＊）において x を t に

読みかえれば $y = V_x$ （t の関数）、$P(t) = k$、$Q(t) = 0$ なので、

$$V_x = e^{-\int k\,dt} \left\{ \int 0 e^{\int k\,dt}\,dt \right\} = e^{-kt} \int 0\,dt = e^{-kt} C_1 = C_1 e^{-kt} \quad （C_1 \text{ は積分定数}）$$

初速度 V_0 の x 成分を V_{0x} とすると、$t = 0$ のとき、$V_{0x} = C_1 e^0 = C_1$

となるので、$V_x = V_{0x} e^{-kt}$ を得ます。

ここで、V_x は x 軸方向の速度なので、$V_x = \dfrac{dx}{dt}$ したがって、

$$\dfrac{dx}{dt} = V_{0x} e^{-kt} \text{ となり} \quad x = \int V_{0x} e^{-kt}\,dt = V_{0x} \int e^{-kt}\,dt = V_{0x} \left(\dfrac{1}{-k} e^{-kt} + C_2 \right)$$

$t = 0$ のとき $x = 0$ なので、$0 = V_{0x} \left(\dfrac{1}{-k} e^0 + C_2 \right) = V_{0x} \left(-\dfrac{1}{k} + C_2 \right)$

ゆえに、$C_2 = \dfrac{1}{k}$ となります。

よって、$x = -\dfrac{V_{0x}}{k} \left(e^{-kt} - 1 \right)$ …⑤ を得ます。

(ロ) 微分方程式④を解く

④は $\dfrac{dV_y}{dt} + kV_y = -g$ と変形できます。これは解法（＊）において x を t

に読みかえれば $y = V_y$ （t の関数）、$P(t) = k$、$Q(t) = -g$ なので、

$$V_y = e^{-\int k\,dt} \left\{ \int -g e^{\int k\,dt}\,dt \right\} = e^{-kt} \int -g e^{kt}\,dt = e^{-kt} \left(-\dfrac{g}{k} e^{kt} + C_3 \right)$$

初速度 V_0 の y 成分を V_{0y} とすると、$t=0$ のとき、$V_{0y} = -\dfrac{g}{k} + C_3$

ゆえに、$C_3 = V_{0y} + \dfrac{g}{k}$　よって、

$$V_y = e^{-kt}\left(-\frac{g}{k}e^{kt} + V_{0y} + \frac{g}{k}\right) = -\frac{g}{k} + \left(V_{0y} + \frac{g}{k}\right)e^{-kt} \quad \text{を得ます。}$$

$V_y = \dfrac{dy}{dt}$　より、この式は　$\dfrac{dy}{dt} = -\dfrac{g}{k} + \left(V_{0y} + \dfrac{g}{k}\right)e^{-kt}$　と書けます。

ゆえに、$y = \displaystyle\int\left\{-\frac{g}{k} + \left(V_{0y} + \frac{g}{k}\right)e^{-kt}\right\}dt = -\frac{g}{k}t + \frac{1}{-k}\left(V_{0y} + \frac{g}{k}\right)e^{-kt} + C_4$

$t=0$ のとき $y=0$ なので、

$$0 = -\frac{g}{k}0 + \frac{1}{-k}\left(V_{0y} + \frac{g}{k}\right)e^0 + C_4 = -\frac{1}{k}\left(V_{0y} + \frac{g}{k}\right) + C_4$$

ゆえに、$C_4 = \dfrac{1}{k}\left(V_{0y} + \dfrac{g}{k}\right)$　となります。よって、

$$y = -\frac{g}{k}t + \frac{1}{-k}\left(V_{0y} + \frac{g}{k}\right)e^{-kt} + \frac{1}{k}\left(V_{0y} + \frac{g}{k}\right) = -\frac{g}{k}t + \frac{1}{k}\left(V_{0y} + \frac{g}{k}\right)\left(1 - e^{-kt}\right)$$

$$\cdots ⑥$$

$k = \dfrac{\gamma}{m}$　（$\gamma = mk$ と置いたので）より⑤、⑥を書き換えると

$$x = \frac{mV_{0x}}{\gamma}\left(1 - e^{-\frac{\gamma}{m}t}\right)\cdots ⑦ \quad y = -\frac{mg}{\gamma}t + \frac{m}{\gamma}\left(V_{0y} + \frac{mg}{\gamma}\right)\left(1 - e^{-\frac{\gamma}{m}t}\right)\cdots ⑧$$

を得ます。これら⑦、⑧がそれぞれ微分方程式①、②の解です。

参考までに、右図は⑦、⑧をもとに砲弾の初速度20m/s、仰角45°、空気抵抗 $\gamma = 0.5$、$m = 1$kg、$g = 9.8$ m/s^2 とした場合の砲弾の軌跡をコンピューターで描いたものです。

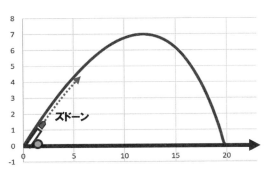

　なお、空気抵抗を考慮しなければ①、②は

$$\frac{dV_x}{dt} = 0 \quad \cdots ⑨$$

$$\frac{dV_y}{dt} = -g \quad \cdots ⑩$$

と単純になり、これを解くと

$$x = V_{0x}t \quad \cdots ⑪$$

$$y = -\frac{1}{2}gt^2 + V_{0y}t \cdots ⑫ \quad を得ます。$$

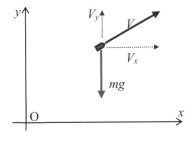

　参考までに、下図は⑪、⑫をもとに砲弾を初速度20m/s、$g = 9.8$ m/s^2、仰角30°、45°、60°で発射した場合の、それぞれの軌跡をコンピューターで描いたものです。

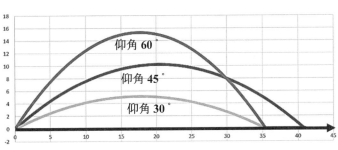

8-7 ベルヌーイの微分方程式

$\dfrac{dy}{dx} + P(x)y = Q(x)y^n$ $(n \geqq 2)$ を**ベルヌーイの微分方程式**という。

この解法は線形微分方程式に帰着する。

レッスン

この微分方程式
は $z = \dfrac{1}{y^{n-1}}$ と置
換してみよう。

$$\dfrac{dy}{dx} + P(x)y = Q(x)y^n$$

$$z = \dfrac{1}{y^{n-1}}$$

$$\dfrac{dz}{dx} - (n-1)P(x)z = Q(x)$$ …**線形微分方程式**

〔**解説**〕 微分方程式 $\dfrac{dy}{dx} + P(x)y = Q(x)y^n \cdots ①$ を変形すると

$$\dfrac{1}{y^n}\dfrac{dy}{dx} + P(x)\dfrac{1}{y^{n-1}} = Q(x) \quad \cdots ②$$

ここで $z = \dfrac{1}{y^{n-1}}$ とすると $\dfrac{dz}{dy} = -\dfrac{n-1}{y^n}$ よって $dz = -\dfrac{n-1}{y^n}dy$

両辺を dx で割って、$\dfrac{dz}{dx} = -\dfrac{n-1}{y^n}\dfrac{dy}{dx}$ ゆえに $\dfrac{1}{y^n}\dfrac{dy}{dx} = -\dfrac{1}{n-1}\dfrac{dz}{dx}$

これを②に代入すると $-\dfrac{1}{n-1}\dfrac{dz}{dx} + P(x)z = Q(x)$

ゆえに　$\dfrac{dz}{dx}-(n-1)P(x)z=-(n-1)Q(x)$

これは§8-6で調べた線形微分方程式となります。

〔**例**〕　微分方程式$\dfrac{dy}{dx}+\dfrac{y}{x}=y^2\dfrac{\log_e x}{x}$　…③を解いてみましょう。

xの関数yを2つに分けて調べてみます。

(1)　$y\equiv 0$ **(定数関数$y=0$)のとき**

このとき定数関数$y=0$は③の解です。(注)これは(2)より特異解となります。

(2)　$y\equiv 0$**でない（つまり、定数関数$y=0$でない）とき**

③を両辺をy^2で割ると　$\dfrac{1}{y^2}\dfrac{dy}{dx}+\dfrac{1}{x}\dfrac{1}{y}=\dfrac{\log_e x}{x}$　…④

$z=\dfrac{1}{y^{2-1}}=\dfrac{1}{y}$とおくと$dz=-\dfrac{1}{y^2}dy$　よって$\dfrac{1}{y^2}\dfrac{dy}{dx}=-\dfrac{dz}{dx}$

これを④に代入すると　$\dfrac{dz}{dx}-\dfrac{1}{x}z=-\dfrac{\log_e x}{x}$

これは§8-6の線形微分方程式　$\dfrac{dz}{dx}+P(x)z=Q(x)$において

$P(x)=-\dfrac{1}{x}$,　$Q(x)=-\dfrac{\log_e x}{x}$の場合です。よって

$e^{\log_e x}=x$

$z=e^{\int \frac{1}{x}dx}\left\{-\int\dfrac{\log_e x}{x}e^{-\int\frac{1}{x}dx}dx\right\}=-e^{\log_e x}\left\{\int\dfrac{\log_e x}{x}e^{-\log_e x}dx\right\}$

$=-x\left\{\int\dfrac{1}{x^2}\log_e x\,dx\right\}=-x\left\{-\dfrac{1}{x}\log_e x-\dfrac{1}{x}-C\right\}=\log_e x+1+Cx$

部分積分法

ゆえに　$\dfrac{1}{y}=\log_e x+1+Cx$　（Cは任意定数）(注)これは一般解となります。

8-8 完全微分方程式

微分方程式 $P(x, y)dx + Q(x, y)dy = 0$ $\cdots$ ① が $\dfrac{\partial P}{\partial y} = \dfrac{\partial Q}{\partial x}$ を満たす

とき①を**完全微分方程式**という。このとき①の一般解は

$$\int P dx + \int \left(Q - \frac{\partial}{\partial y} \int P dx \right) dy = C$$

レッスン

右の関係を
大事にしま
しょう。

$$P(x, y)dx + Q(x, y)dy = 0 \quad \text{が完全微分方程式}$$

 同値

$$\frac{\partial P}{\partial y} = \frac{\partial Q}{\partial x}$$

〔**解説**〕ちょっと気になります。それは、$P(x, y)dx + Q(x, y)dy = 0$ が微分

方程式であるといわれても、違和感を感じるのではということです。し

かし、①は両辺を dx で割った $P(x, y) + Q(x, y)\dfrac{dy}{dx} = 0$ と同じなのです。

これならば、1 階微分方程式であることがわかります。このことを前

置きして完全微分方程式の解説に入りましょう

①における $P(x, y)$ を x で積分した関数を $F(x, y)$ とします。つまり、

$$F(x,y) = \int P(x,y)dx \quad \cdots ②$$

このとき、$\dfrac{\partial F}{\partial x} = P(x,y)$ $\cdots ③$

ただし、$F(x,y)$ は F_{xy} と F_{yx} がともに存在し、これらは連続であると仮定します。このとき、$F_{xy} = F_{yx}$ が成立します。

次に、②の $F(x,y)$ と①の $Q(x,y)$ を用いた関数 $\dfrac{\partial F}{\partial y} - Q(x,y)$ $\cdots ④$ を

考えます。この関数④を x で偏微分すると、$F_{xy} = F_{yx}$、$\dfrac{\partial P}{\partial y} = \dfrac{\partial Q}{\partial x}$ より

$$\frac{\partial}{\partial x}\left(\frac{\partial F}{\partial y} - Q\right) = \frac{\partial}{\partial x}\left(\frac{\partial F}{\partial y}\right) - \frac{\partial Q}{\partial x} = \frac{\partial}{\partial y}\left(\frac{\partial F}{\partial x}\right) - \frac{\partial Q}{\partial x} = \frac{\partial P}{\partial y} - \frac{\partial Q}{\partial x} = 0 \quad \cdots ⑤$$

を得ます。

この⑥は、$\dfrac{\partial F}{\partial y} - Q(x,y)$ が y のみの関数であることを示しています。

したがって、これを $f(y)$ と置くと $\dfrac{\partial F}{\partial y} - Q(x,y) = f(y)$ と書けます。

ゆえに、$Q(x,y) = \dfrac{\partial F}{\partial y} - f(y)$ $\cdots ⑥$ となります。③と⑥より

$$P(x,y)dx + Q(x,y)dy = \frac{\partial F}{\partial x}dx + \left(\frac{\partial F}{\partial y} - f(y)\right)dy$$

$$= \frac{\partial F}{\partial x}dx + \frac{\partial F}{\partial y}dy - f(y)dy = dF - f(y)dy$$

(注1) dF は関数 $F(x,y)$ の全微分(6-15)

つまり　$P(x,y)dx+Q(x,y)dy=d\left(F-\int f(y)dy\right)$　$\cdots$⑦　(注2)参照

ここで②と⑥より $F=\int Pdx$ 、$-f(y)=Q-\dfrac{\partial F}{\partial y}$　なので、⑦より

$$Pdx+Qdy=d\left(F-\int f(y)dy\right)$$

$$=d\left(\int Pdx+\int\left(Q-\frac{\partial F}{\partial y}\right)dy\right)=d\left(\int Pdx+\int\left(Q-\frac{\partial}{\partial y}\int Pdx\right)dy\right)$$

これと①の $P(x,y)dx+Q(x,y)dy=0$ より

$$0=d\left(\int Pdx+\int\left(Q-\frac{\partial}{\partial y}\int Pdx\right)dy\right)$$

よって、　$\int Pdx+\int\left(Q-\dfrac{\partial}{\partial y}\int Pdx\right)dy=C$　（Cは積分定数）　を得ます。

(注2)　$z=\int f(y)dy$ のとき $\dfrac{dz}{dy}=f(y)$ となります。よって $dz=f(y)dy$ となり、この z を

$\int f(y)dy$ で書き換えると $d\int f(y)dy=f(y)dy$ を得ます。

〔例〕　微分方程式 $(x^3+2xy+y)dx+(y^3+x^2+x)dy=0$　$\cdots$⑧

を解いてみましょう。

（解）　$P(x,y)=x^3+2xy+y$ 、$Q(x,y)=y^3+x^2+x$ とすると、

$\dfrac{\partial P}{\partial y}=2x+1$ 、$\dfrac{\partial Q}{\partial x}=2x+1$ となり $\dfrac{\partial P}{\partial y}=\dfrac{\partial Q}{\partial x}$ が成立します。

したがって⑧は完全微分方程式です。その解は

$$\int Pdx+\int\left(Q-\frac{\partial}{\partial y}\int Pdx\right)dy=C_1$$

なので、$P(x,y),Q(x,y)$ を具体的な式で書き換えると、

$$\int (x^3 + 2xy + y)dx + \int \left\{ (y^3 + x^2 + x) - \frac{\partial}{\partial y} \int (x^3 + 2xy + y)dx \right\} dy = C_1$$

ここで、{ } の中は

$$y^3 + x^2 + x - \frac{\partial}{\partial y} \int (x^3 + 2xy + y)dx$$

$$= y^3 + x^2 + x - \frac{\partial}{\partial y} \left(\frac{1}{4}x^4 + x^2 y + yx + C_2 \right) = y^3 + x^2 + x - (x^2 + x) = y^3$$

よって、$\int (x^3 + 2xy + y)dx + \int y^3 dy = C_1$　となり、

$$\frac{1}{4}x^4 + x^2 y + yx + \frac{1}{4}y^4 = C_1$$　を得ます。

ゆえに　⑧の解は　$x^4 + 4x^2 y + 4yx + y^4 = C$　（Cは積分定数）

(注3)　例えば、微分方程式　$2xydx + (y^2 - x^2)dy = 0$　…⑨　は完全微分方程式ではありません。なぜならば、$P(x,y) = 2xy$、　$Q(x,y) = y^2 - x^2$ とすると、$\frac{\partial P}{\partial y} = 2x$　、

$\frac{\partial Q}{\partial x} = -2x$ となり、$\frac{\partial P}{\partial y} = \frac{\partial Q}{\partial x}$ は成立しないからです。しかし、⑨の両辺に $\frac{1}{y^2}$ を掛けて

得られる微分方程式 $\frac{2x}{y}dx + \left(1 - \frac{x^2}{y^2} \right)dy = 0$　…⑩　は完全微分方程式なので、⑨の解を

求めることができます。

　このように、微分方程式　$P(x,y)dx + Q(x,y)dy = 0$　…⑪　が完全微分方程式でない場合でも、両辺に適当な関数$u(x,y)$ を掛けた$u(x,y)P(x,y)dx + u(x,y)Q(x,y)dy = 0$…⑫が完全微分方程式になることがあります。ただし⑪と⑫は同値ではないので、⑫の解のうち⑪を満たす解を調べる必要があります。なお、ここで使われる関数$u(x,y)$は**積分因数**と呼ばれています。

(注4)　「微分方程式　$P(x,y)dx + Q(x,y)dy = 0$ の左辺が、ある関数$G(x,y)$の全微分

$dG = \frac{\partial G}{\partial x}dx + \frac{\partial G}{\partial y}dy$ に等しいとき、これを完全微分方程式という」が一般の定義です。

このとき、「完全微分方程式 $\Leftrightarrow \frac{\partial P}{\partial y} = \frac{\partial Q}{\partial x}$」が成立します。

8-9 クレローの微分方程式

微分方程式 $y = x\dfrac{dy}{dx} + f\left(\dfrac{dy}{dx}\right)$ を**クレローの微分方程式**という。

この一般解は $y = Cx + f(C)$ （C は任意定数）となる。

レッスン

簡略化
して解き
ます。

$$p = \frac{dy}{dx} \ \text{とし} \ \ y = px + f(p) \ \ \text{の両辺を } x \text{ で微分}$$

〔解説〕 $y = x\dfrac{dy}{dx} + f\left(\dfrac{dy}{dx}\right)$ …① において $p = \dfrac{dy}{dx}$ とすると、

$y = px + f(p)$ …② となります。この両辺を x で微分すると、

$$\frac{dy}{dx} = \frac{dp}{dx}x + p + \frac{d}{dp}\{f(p)\}\frac{dp}{dx} \quad \cdots ③$$

$p = \dfrac{dy}{dx}$ なので③は $\quad p = \dfrac{dp}{dx}x + p + \dfrac{d}{dp}\{f(p)\}\dfrac{dp}{dx}$ となります。

よって $\quad 0 = \dfrac{dp}{dx}x + \dfrac{d}{dp}\{f(p)\}\dfrac{dp}{dx} \quad$ ゆえに、$\dfrac{dp}{dx}\left(x + \dfrac{d}{dp}\{f(p)\}\right) = 0$

したがって $\quad \dfrac{dp}{dx} = 0 \quad$ または $\quad x + \dfrac{d}{dp}\{f(p)\} = 0$

(1) $\dfrac{dp}{dx} = 0$ のとき （つまり、$p = C$ （C は任意定数）のとき）

②より $\ y = Cx + f(C)$ （C は任意定数）

これはクレローの微分方程式①の一般解です。

(2)　$x + \dfrac{d}{dp}\{f(p)\} = 0$　のとき

このとき　$x + \dfrac{d}{dp}\{f(p)\} = 0$　から $p = g(x)$ を求め②に代入すると

$y = g(x)x + f\{g(x)\}$　を得ます。この解はクレローの微分方程式①の特異解です。

〔例〕　微分方程式　$y = x\dfrac{dy}{dx} + \left(\dfrac{dy}{dx}\right)^2$ …④ を解いてみましょう。

(解)　$p = \dfrac{dy}{dx}$ と置くと④は $y = px + p^2$ …⑤と書けます。

⑤の両辺を x で微分すると　$\dfrac{dy}{dx} = \dfrac{dp}{dx}x + p + 2p\dfrac{dp}{dx}$ …⑥

$p = \dfrac{dy}{dx}$　より⑥は　$\dfrac{dp}{dx}(x + 2p) = 0$ となります。

よって、$\dfrac{dp}{dx} = 0$　または　$x + 2p = 0$

(1)　$\dfrac{dp}{dx} = 0$ のとき

このとき、$p = C$（任意定数）　よって⑤より　$y = Cx + C^2$ …⑦
C は任意定数だからこれは一般解です。

(2)　$x + 2p = 0$ のとき

このとき、$p = -\dfrac{1}{2}x$　これを⑤に代入して

$y = -\dfrac{1}{2}x^2 + \dfrac{1}{4}x^2 = -\dfrac{1}{4}x^2$　…⑧　これは特異解です。

なお、⑧は直線群⑦と無関係ではありません。⑧は⑦の**包絡線**（＜MEMO＞参照）になっています。下図は⑦の C を-3から3まで、0.05ずつ増やしながら⑦のグラフをコンピューターで描いたものです。このとき現れる放物線が⑧を意味します。

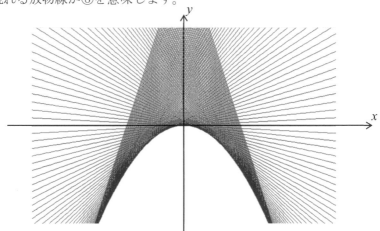

─ ＜MEMO＞　包絡線 ─

　3つの変数 x, y, t からなる関数を $F(x, y, t)$ とすると、方程式 $F(x, y, t) = 0$ は t を固定すれば1つの曲線 C_t を表わしています。すると、t の値を変化させれば曲線の集合 $\{C_t\}$ が得られます。これらの曲線とは別に s を媒介変数とした曲線 $G : x = f(s)$, $y = g(s)$ があって、この曲線 G は次の条件を満たすとします。

(1)　G 上の任意点 $\mathrm{P}(f(s), g(s))$ は曲線 C_s 上にある。つまり、曲線 $F(x, y, s) = 0$ 上にある。

(2)　この点 $\mathrm{P}(f(s), g(s))$ において曲線 $G : x = f(s)$, $y = g(s)$ と曲線 C_s は共通接線をもつ。

　このとき、曲線 G を曲線の集合 $\{C_t\}$ の**包絡線**といいます。何だかむずかしそうな表現ですが、図示すれば次のようになります。

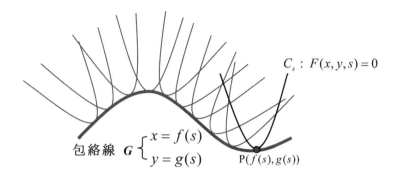

$$C_s : F(x, y, s) = 0$$

包絡線 $G \begin{cases} x = f(s) \\ y = g(s) \end{cases}$

$P(f(s), g(s))$

〔**例**〕 曲線の集合 $F(x, y, t) = (x-t)^2 + (y-t)^2 - 2 = 0$ …① の包絡線
は $y = x \pm 2$ …② です。

この②は次のようにして導かれます。つまり、①を t で微分した

$$-2(x-t) - 2(y-t) = 0$$

より $t = \dfrac{x+y}{2}$ となります。

これを①に代入すると、

$$(x - y)^2 = 4$$

これから②を得ます。これは偶
然ではありません。

この原理は次の定理に支えら
れています。

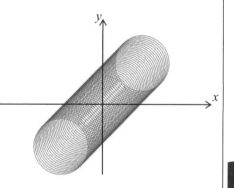

t を任意の数とした曲線の集合 $F(x, y, t) = 0$ に対し、2つの方程
式 $F(x, y, t) = 0$、 $F_t(x, y, t) = 0$ を満足する曲線、つまり、この
2つの方程式から t を消去して得られる曲線は、曲線の集合
$F(x, y, t) = 0$ の包絡線になる。

8-10 2階線形微分方程式

微分方程式 $\dfrac{d^2y}{dx^2} + P(x)\dfrac{dy}{dx} + Q(x)y = R(x)$ …①を 2 階線形微分方程式

という。①に対し $\dfrac{d^2y}{dx^2} + P(x)\dfrac{dy}{dx} + Q(x)y = 0$ …②を①の補助方程式と

いう。①の特殊解を $y = g(x)$ とし、②の一般解を $y = h(x)$ とするとき、

①の一般解は $y = h(x) + g(x)$ となる。

レッスン

補助方程式
を使うと解
けることが
あります。

$\dfrac{d^2y}{dx^2} + P(x)\dfrac{dy}{dx} + Q(x)y = R(x)$ の**特殊解** $y = g(x)$

補助方程式 $\dfrac{d^2y}{dx^2} + P(x)\dfrac{dy}{dx} + Q(x)y = 0$ の**一般解** $y = h(x)$

$\Downarrow$

$\dfrac{d^2y}{dx^2} + P(x)\dfrac{dy}{dx} + Q(x)y = R(x)$ の**一般解** $y = g(x) + h(x)$

〔**解説**〕 2階線形微分方程式①の一般的解法は存在しません。しかし、

上記のことより、①の特殊解と補助方程式②の一般解がもし見つかれば、

①の一般解が得られることになります。その理由を調べてみましょう。

$y = g(x)$ が①の特殊解であることより、

$$g''(x) + P(x)g'(x) + Q(x)g(x) = R(x) \quad \cdots ③$$

$y = h(x)$ が②の一般解であることより、

326

$$h''(x) + P(x)h'(x) + Q(x)h(x) = 0 \quad \cdots ④$$

③、④より

$$\big(g(x) + h(x)\big)'' + P(x)\big(g(x) + h(x)\big)' + Q(x)\big(g(x) + h(x)\big)$$
$$= g''(x) + h''(x) + P(x)\big(g'(x) + h'(x)\big) + Q(x)\big(g(x) + h(x)\big)$$
$$= \{g''(x) + P(x)g'(x) + Q(x)g(x)\} + \{h''(x) + P(x)h'(x) + Q(x)h(x)\}$$
$$= R(x) + 0 = R(x)$$

これは関数 $y = h(x) + g(x)$ が①の解であることを示しています。また、$y = h(x)$ が2階微分方程式②の一般解であることより、$y = h(x)$ は任意定数を2つ含んでいます。したがって $y = h(x) + g(x)$ も任意定数を2つ含んでいることになり、①の一般解であることがわかります。

ここで注意したいことがあります。それは、「**2階線形微分方程式①の一般的解法は存在しないだけでなく、その補助方程式②の一般的解法も存在しない**」ことです。しかし、①よりも②の方が $R(x)$ がないぶん、解きやすくなります。しかも、次の性質を使えるので便利です。

②の1つの解を y_1 とすれば、これに定数 C_1 を掛けた $C_1 y_1$ も解となります。さらに、$C_1 y_1$ の形に書き表わすことのできない②のもう1つの解 $C_2 y_2$ があれば $y = C_1 y_1 + C_2 y_2$ は②の一般解となります。

なぜならば、②は2階微分方程式で $y = C_1 y_1 + C_2 y_2$ は2つの任意定数 C_1, C_2 を含む解(8-2)だからです。

なお、このような2つの解 y_1, y_2 は**1次独立**であるといいます。例えば、②の解が $y_1 = e^x$ と $y_2 = e^{-2x}$ であるとすれば $y_1 = e^x$ と $y_2 = e^{-2x}$ は1次独立です。なぜならば、定数 C をどう選んでも任意の x に対して $e^{-2x} = Ce^x$ は成立しないからです。しかし、例えば、$y_1 = e^x$ と $y_1 = e^{x+2}$ は1次独立ではありません。なぜならば、$C = e^2$ とすれば、任意の x に対して $e^{x+2} = Ce^x$ が成立するからです。

〔**例**〕 2階線形微分方程式 $\dfrac{d^2y}{dx^2}+\dfrac{4}{x}\dfrac{dy}{dx}+\dfrac{2}{x^2}y=\dfrac{1}{x^2}\log_e x$ …⑤ を

解いてみましょう。

まずは⑤の特殊解を求めてみます。$\log_e x$の導関数は分数関数になることに着目し、$y=m+n\log_e x$…⑥とおいて、これが⑤の解になれるかどうかを調べてみます。ただし、m,nは定数とします。

⑥より $\dfrac{dy}{dx}=\dfrac{n}{x}$、$\dfrac{d^2y}{dx^2}=-\dfrac{n}{x^2}$ これらを⑤に代入すると

$$-\dfrac{n}{x^2}+\dfrac{4}{x}\dfrac{n}{x}+\dfrac{2}{x^2}(m+n\log_e x)=\dfrac{1}{x^2}\log_e x$$

つまり、$(3n+2m)\dfrac{1}{x^2}+\dfrac{2}{x^2}(n\log_e x)=\dfrac{1}{x^2}\log_e x$

これが任意の$x(>0)$について成立することより、

$3n+2m=0$ ，$2n=1$

よって、$n=\dfrac{1}{2}$ ，$m=-\dfrac{3}{4}$ を得ます。

したがって、$y=-\dfrac{3}{4}+\dfrac{1}{2}\log_e x$ が⑤の特殊解であることがわかります。

次に⑤の補助方程式である $\dfrac{d^2y}{dx^2}+\dfrac{4}{x}\dfrac{dy}{dx}+\dfrac{2}{x^2}y=0$ …⑦

の一般解を求めてみましょう。

⑦においては$\dfrac{4}{x}$ ，$\dfrac{2}{x^2}$があるので、$y=Cx^k$（Cは定数、kは整数定数）

が⑦の解であるとしてみます。すると、

$$\frac{dy}{dx} = Ckx^{k-1} \; , \; \frac{d^2 y}{dx^2} = Ck(k-1)x^{k-2}$$

より、これらを⑦に代入した次の式が成立します。

$$Ck(k-1)x^{k-2} + \frac{4}{x}Ckx^{k-1} + \frac{2}{x^2}Cx^k = \{C(k+2)(k+1)\}x^{k-2} = 0$$

が任意の正の x について成立します。したがって、

$$C(k+2)(k+1) = 0$$

ここで、C は任意定数なので、$k = -2, -1$ となります。よって⑦を満

たす解は $y = \dfrac{C_1}{x}$ と $y = \dfrac{C_2}{x^2}$ の 2 つあります。ただし、C_1, C_2 は任意定数。

ここで、$y = \dfrac{C_1}{x}$ と $y = \dfrac{C_2}{x^2}$ は 1 次独立（327 ページ）なので、⑦の一般

解は、$y = \dfrac{C_1}{x} + \dfrac{C_2}{x^2}$ となります。

⑤の一般解は⑤の特殊解 $y = -\dfrac{3}{4} + \dfrac{1}{2}\log_e x$ と⑤の補助方程式⑦の一般

解 $y = \dfrac{C_1}{x} + \dfrac{C_2}{x^2}$ を足したものです。したがって⑤の一般解は

$$y = \frac{C_1}{x} + \frac{C_2}{x^2} - \frac{3}{4} + \frac{1}{2}\log_e x \quad (C_1, C_2 \text{ は任意定数})$$

となります。

8-11 定数係数 2 階線形微分方程式

微分方程式 $\dfrac{d^2y}{dx^2}+a\dfrac{dy}{dx}+by=R(x)$ …① を定数係数2階線形微分方程式という。①に対し $\dfrac{d^2y}{dx^2}+a\dfrac{dy}{dx}+by=0$ …② を①の補助方程式という。ここで、a,b は定数とする。①の特殊解を $y=g(x)$ とし、②の一般解を $y=h(x)$ とするとき、①の一般解は $y=h(x)+g(x)$ となる。

レッスン

補助方程式 $\dfrac{d^2y}{dx^2}+a\dfrac{dy}{dx}+by=0$ の一般解

(1) $t^2+at+b=0$ が相異なる実数解 α、β をもてば

$$y=C_1e^{\alpha x}+C_2e^{\beta x}$$

②は必ず解けるのです。

(2) $t^2+at+b=0$ が重解 α をもてば

$$y=(C_1+C_2x)e^{\alpha x}$$

(3) $t^2+at+b=0$ が虚数解 $\varphi\pm\omega i$ をもてば

$$y=e^{\varphi x}(C_1\cos\omega x+C_2\sin\omega x)$$

〔**解説**〕　上記の微分方程式①は、前節の 2 階線形微分方程式の特殊な場合です。前節と異なるのは補助方程式②の解は上記のように必ず求められることです。したがって、①の特殊解を求めることができれば、①

の一般解を必ず求めることができます。

(注) ①の特殊解を求める一般的な方法はなく、個別に適切な工夫をしなければなりません。

以下に、補助方程式②の一般解の公式を導いてみましょう。

ここで、t を定数とした指数関数 $y=e^{tx}$ に着目します。理由はこの関数は微分しても定数倍の違いしか生じないので、この関数は y, y', y'' の係数がすべて定数である②の解になる可能性があるからです。

そこで、$y=e^{tx}$ が補助方程式②の解になるための条件を求めてみます。

$y=e^{tx}$ より $\dfrac{dy}{dx}=te^{tx}$, $\dfrac{d^2y}{dx^2}=t^2e^{tx}$ となります。これらを②に代入して

$t^2e^{tx}+ate^{tx}+be^{tx}=0$ を得ます。整理すると、$(t^2+at+b)e^{tx}=0$

ゆえに、$t^2+at+b=0$ …③ となります。

逆に、t が③を満たせば関数 $y=e^{tx}$ は②を満たします。よって、③は関数 $y=e^{tx}$ が②の解であるための必要十分条件です。そこで、2次方程式③がどんな解をもつかによって、次の3つの場合に分けて調べてみることにします。

(1) $t^2+at+b=0$ ····③ が相異なる実数解 α、β をもつ場合

このとき、2つの関数 $y=e^{\alpha x}$ と $y=e^{\beta x}$ は②の解であり、しかも、関数 $e^{\alpha x}$ と $e^{\beta x}$ は1次独立（§8-10）です。つまり、$e^{\beta x}=Ce^{\alpha x}$ を満たす定数 C は存在しません。よって、②の一般解は $y=C_1e^{\alpha x}+C_2e^{\beta x}$ となります。ただし、C_1, C_2 は任意定数。

(2) $t^2+at+b=0$ ····③ が重解 α をもつ場合

このとき、$y=e^{\alpha x}$ は②の解となりますが、さらに、$y=xe^{\alpha x}$ も解となります。このことは $y=xe^{\alpha x}$ が②を満たすことからわかります（$\alpha^2+a\alpha+b=0$（α が③の解）と $2\alpha+a=0$（解と係数の関係）を使います）。また、$e^{\alpha x}$ と $xe^{\alpha x}$ は1次独立（§8-10）です。つまり、$xe^{\alpha x}=Ce^{\alpha x}$ を満たす定数 C は存在しません。よって、②の一般解は

$$y = C_1 e^{\alpha x} + C_2 x e^{\alpha x} = (C_1 + C_2 x)e^{\alpha x}$$

となります。ただし、C_1, C_2 は任意定数。

(3) $t^2 + at + b = 0 \cdots$③ **が虚数解** $\varphi \pm \omega i$ $(\omega \neq 0)$ **をもつ場合**

③の解を α, β とすると、α, β が $\varphi \pm \omega i$ であることと解と係数の関係により、

$$\alpha + \beta = 2\varphi = -a \,,\ \alpha\beta = \varphi^2 + \omega^2 = b$$

よって、$\dfrac{d^2 y}{dx^2} + a\dfrac{dy}{dx} + by = 0 \cdots$②は

$$\frac{d^2 y}{dx^2} - 2\varphi\frac{dy}{dx} + (\varphi^2 + \omega^2)y = 0 \cdots④ \quad \text{と書けます。}$$

ここで、u を x の関数とした $y = ue^{\varphi x}$ に着目し、これが②、つまり、④の解になるための条件を求めてみましょう。

$y = ue^{\varphi x}$ より

$y' = (ue^{\varphi x})' = u'e^{\varphi x} + \varphi ue^{\varphi x}$

$y'' = (ue^{\varphi x})'' = (u'e^{\varphi x} + \varphi ue^{\varphi x})' = u''e^{\varphi x} + 2\varphi u'e^{\varphi x} + \varphi^2 ue^{\varphi x}$

となります。これらを④に代入して整理すると次の式を得ます。

$$(u'' + \omega^2 u)e^{\varphi x} = 0$$

$e^{\varphi x} \neq 0$ より、$u'' + \omega^2 u = 0 \quad \cdots⑥$

ここで、2つの関数 $u = \cos \omega x$, $u = \sin \omega x$ を考えると、これらはともに⑥を満たします。つまり、⑥の解です。しかも、$\cos \omega x, \sin \omega x$ は1次独立です。ゆえに、$u = C_1 \cos \omega x + C_2 \sin \omega x$ は⑥の一般解です。

ゆえに、$y = ue^{\varphi x} = e^{\varphi x}(C_1 \cos \omega x + C_2 \sin \omega x)$ は②の一般解です。

ただし、C_1, C_2 は任意定数。

〔**例 1**〕 次の微分方程式を解いてみましょう。

(1) $y'' - 3y' + 2y = 0$

(2) $y'' - 2y' + y = 0$

(3) $y'' - 2y' + 2 = 0$

(解) (1) 2次方程式 $t^2 - 3t + 2 = 0$ の解を求めると $2, 1$ を得ます。

よって一般解は $y = C_1 e^{2x} + C_2 e^x$ ただし、C_1, C_2 は任意定数。

(2) 2次方程式 $t^2 - 2t + 1 = 0$ の解を求めると 1(重解)を得ます。

よって一般解は $y = (C_1 + C_2 x)e^x$ ただし、C_1, C_2 は任意定数。

(3) 2次方程式 $t^2 - 2t + 2 = 0$ の解を求めると $1 \pm i$ を得ます。

よって一般解は $y = e^x(C_1 \cos x + C_2 \sin x)$ ただし、C_1, C_2 は任意定数。

〔**例 2**〕 次の微分方程式を解いてみましょう。

$$y'' - 2y' + y = x$$

(解) まず、補助方程式 $y'' - 2y' + y = 0$ の一般解を求めると〔例 1〕の
(2)より $y = (C_1 + C_2 x)e^x$ ただし、C_1, C_2 は任意定数。

次に、$y'' - 2y' + y = x$ の特殊解を求めるために、$y = ax + b$ として
この方程式に代入すると、

$$(a-1)x - (2a - b) = 0$$

これが、任意の x について成立するので $a = 1$, $b = 2$ となります。

したがって、$y = x + 2$ は、$y'' - 2y' + y = x$ の特殊解となります。

よって、$y'' - 2y' + y = x$ の一般解は特殊解に補助方程式
$y'' - 2y' + y = 0$ の一般解を加えた

$$y = (C_1 + C_2 x)e^x + x + 2$$ ただし、C_1, C_2 は任意定数

となります。

第 8 章 微分方程式

索 引

涌井良幸 (わくい よしゆき)

1950年東京生まれ。東京教育大学 (現・筑波大学) 数学科を卒業
後、高等学校の教職に就く。教職退職後は、サイエンスライター
として著作活動に専念。著書に、『道具としてのベイズ統計』 (日
本実業出版社)、『数学教師が教える やさしい論理学』『高校生か
らわかるフーリエ解析』『高校生からわかるベクトル解析』 (以
上、ベレ出版) などがある。

ちょっかんてき
直観的にわかる

どう ぐ   び ぶんせきぶん
道具としての微分積分

2023年10月20日　初版発行

著　者　涌井良幸 ©Y. Wakui 2023
発行者　杉本淳一

発行所　株式
　　　　会社　日本実業出版社　東京都新宿区市谷本村町3−29 〒162-0845

　　　　編集部 ☎03−3268−5651
　　　　営業部 ☎03−3268−5161　振　替　00170−1−25349
　　　　　　　　　　　　　　　　 https://www.njg.co.jp/

　　　　　　　　　　　　　　　　 印 刷・製 本／リーブルテック

ISBN 978-4-534-06048-8　Printed in JAPAN